Peter Ferger, geb. 1932, ist seit sieben Jahren Dozent für Anthroposophie, Architektur und Kunstgeschichte an der Alanus-Hochschule der musischen und bildenden Künste in Alfter bei Bonn. Als Architekt ausgebildet und zeitweise tätig (u. a. 1970–73 Krankenhaus- und Großwohnungsbau), war er Redakteur einer kunstpädagogischen Zeitschrift, drei Jahre Kunsterzieher an einem Gymnasium, hielt Vorträge, leitete Mal- und Plastizierkurse.

Mike Schuyt, geb. 1943, ist Fotograf und arbeitet seit Jahren mit Joost Elffers zusammen. Er organisiert Ausstellungen, macht Bücher und veranstaltet Dia-Shows.

Joost Elffers, geb. 1946, studierte von 1963 bis 1967 an der Königlichen Akademie für Bildende Kunst in Den Haag Gebrauchsgraphik. Seit einigen Jahren ist er – zusammen mit Mike Schuyt – Hersteller und Produzent von Büchern und organisiert Ausstellungen über Phänomene der Kunstgeschichte.

Bei DuMont sind von Mike Schuyt und Joost Elffers bereits erschienen: *TANGRAM* (studio dumont; auch als Band 39 der DuMont Taschenbücher); *Das Hexenspiel. Finger-Fadenspiele neu entdeckt* (studio dumont; auch als Band 93 der DuMont Taschenbücher); *ORIGAMI* (studio dumont); *Phantastische Architektur* (Leinen); zusammen mit Fred Leemann: *Anamorphosen* (DuMont Taschenbücher, Band 107)

Rudolf Steiner, 1908

Mike Schuyt/Joost Elffers (Hrsg.)
Peter Ferger (Text)

Rudolf Steiner und seine Architektur

Anhang von
Walter Kugler

DuMont Buchverlag Köln

Umschlagabbildung Vorderseite: Treppenhaus des Goetheanums in Dornach/Schweiz

Umschlagabbildung Rückseite: Rudolf Steiner, 1908 (vgl. Frontispiz)

CIP-Kurztitelaufnahme der Deutschen Bibliothek

Schuyt, Mike:
Rudolf Steiner und seine Architektur / Peter Ferger (Text). Mike Schuyt ; Joost Elffers (Hrsg.).
Anh. von Walter Kugler. – Erstveröff. – Köln :
DuMont, 1980.
(DuMont-Taschenbücher ; 72)
ISBN 3-7701-1081-1

NE Steiner, Rudolf

Erstveröffentlichung

Gesamtreproduktion: Offset-Repro-Zentrum, Düsseldorf
Druck: Rasch, Bramsche
Buchbinderische Verarbeitung: Boss-Druck, Kleve

Printed in Germany ISBN 3-7701-1081-1

Inhalt

Vorwort

Die allgemeine Frage nach einer Alternative zur technologisch und wirtschaftlich ausgerichteten Zivilisation mit allen ihren Konsequenzen für den Menschen stellt sich auch in der Architektur. Dabei fällt der Blick auch wieder auf die Bauten Rudolf Steiners, und es gibt einige Architekten, die seinen Baugedanken fortzusetzen versuchen. Solche Bauten, die es an vielen Orten gibt, fanden zwar Freunde und Förderer, blieben aber für das allgemeine Bewußtsein Außenseiter, da sie in die Vorstellungen der vorherrschenden Architekturtheorie und -kritik nicht einzuordnen waren. Erst der Gedanke einer Alternative, das In-Frage-Stellen des Bisherigen macht es anscheinend möglich, daß solche Bauten neu entdeckt werden, so daß eine Ausstellung über den Bau-Impuls Rudolf Steiners reges Interesse fand.

Die Erfahrung zeigt aber, daß sich immer wieder eine bestimmte Haltung diesen Bauten gegenüber einstellt: Man kann die Art, in der das Bauwerk sich zur Landschaft verhält, in der das ganze Gebäude und jedes Detail auf den Menschen eingehen, bewundern und sieht sich dennoch vor die Frage gestellt, ob da nicht eine heile Welt vorgetäuscht wird, die es in Wirklichkeit nicht mehr gibt. Der sinnlich und seelisch erfahrende Mensch fühlt sich angezogen, aber der denkende zweifelt. Er möchte wissen, was dieser Art zu bauen eigentlich zugrundeliegt, er möchte nicht nur in bezug auf sein Gefühl, sondern auch in bezug auf die im Bauwerk verwirklichten Absichten zu einem Urteil kommen.

Eine weitere Frage ist, wie solches Bauen in das Spektrum heutiger Architektur, das von der Skyline bis zum Stilzitat reicht, einzuordnen ist: Begegnet man hier einem zukünftigen Stil oder der in die Gegenwart fortgesetzten Vergangenheit aus der Zeit vor 1925? Und wenn man heute nach einem menschengemäßen Bauen sucht: Findet man in diesen Bauten fruchtbare Ansätze oder nur interessante formale Anregungen?

Auf solche Fragen möchte das vorliegende Buch eine erste Antwort geben anhand Rudolf Steiners eigener Architektur, aus der sich alles Spätere herleitet. Allerdings ist sie aus der Anthroposophie hervorgegangen, und insofern basiert sie auf Gedanken und Erlebnissen, die dem Gegenwartsbewußtsein zumindest nicht selbstverständlich sind. Da hier des begrenzten Raumes wegen keine Einführung in die Anthroposophie gegeben werden kann, hat der Verfasser an Steiners Bautätigkeit, an seine Arbeitsweise anzuknüpfen gesucht, um von dort her die Frage nach dem geistigen Hintergrund seines Handelns zu stellen und so das architektonische Werk zu erschließen. Dabei ist zu zeigen, wie die philosophischen Ansätze des jungen Steiner – zur Erkenntnistheorie, Ästhetik, Freiheitsphilosophie – sich im gebauten Werk verwirklichten, sozusagen in Architektur verwandelten, während er in späteren mündlichen und schriftlichen Äußerungen dieses Werk selbst beleuchtete und erläuterte. Der Leser mag aus alledem doch auch einen Eindruck von der Anthroposophie erhalten. Einige Gedanken zur Stellung, die dieser Bau-Impuls in der Gegenwart einnimmt, zu Fragen, die er wachrufen kann, bilden den Abschluß.

Vieles konnte nur skizzenhaft behandelt werden. Zum genaueren Studium sei auf die entsprechende Literatur verwiesen (vgl. Literaturhinweise im Anhang). Die Abbildungen vom ersten Goetheanum und einige weitere wurden dankenswerterweise aus Dornacher Archiven zur Verfügung gestellt, die meisten Fotos der noch vorhandenen Bauten neu aufgenommen (vgl. Fotonachweis).

Rudolf Steiners Bau-Impuls

Rudolf Steiner (1861–1925) war die ersten Jahrzehnte seines Wirkens als Kulturphilosoph, Erkenntnistheoretiker, Goethe-Forscher und gelegentlich als Regisseur tätig. Anknüpfend an Goethes naturwissenschaftliche Schriften, arbeitete er die Grundlagen einer neuen Erkenntnisweise heraus. Ab 1900 begann er auch seine spirituellen Forschungsergebnisse öffentlich mitzuteilen, vor allem jedoch innerhalb der Theosophischen Gesellschaft – er wurde 1902 zum Generalsekretär der deutschen Sektion berufen –, weil er nur hier Hörer fand, denen das Vorgetragene ein Anliegen war.

Als die Theosophische Gesellschaft 1907 ihren internationalen Jahreskongreß in München abhielt, gestaltete Rudolf Steiner den gemieteten Saal: Der Raum wurde mit rotem Tuch ausgeschlagen; sieben Säulen mit Kapitellen gliederten die Längswände, konnten aber nur auf Bretter gemalt werden. Dazwischen hingen Rundbilder mit Darstellungen der in der Apokalypse geschilderten Siegel[1]. Steiner mußte dies durch die Künstler ausführen lassen, die ihm damals zur Verfügung standen. So unbefriedigend dieses Unternehmen letztlich war: Es war das erste Mal, daß eine esoterische Gesellschaft einen künstlerischen Ausdruck suchte, eine Brücke von dem, was bisher als Wissen von höheren Welten nur im Innern gelebt hatte, in die sinnliche Welt.

Schon diese Innendekoration war nicht als ›unechte Architektur‹ gemeint, sie war Vorgriff und Impuls für Bauten, die für die Anthroposophie einmal zu bauen sein würden. Und der Impuls fand Resonanz. Der 21jährige Karl Stockmeyer, von den ›Säulen‹ in München beeindruckt, befragte Steiner nach der dazugehörenden

Architektur und errichtete nach dessen Angaben 1908/09 in Malsch bei Karlsruhe einen kleinen Modellbau: Zweimal sieben Säulen, elliptisch angeordnet und von einem Umgang umgeben, tragen ein Gewölbe in Form eines dreiachsigen Ellipsoids. Als 1910/11 für die Theosophische Gruppe in Stuttgart ein Haus gebaut werden konnte, erhielt der Versammlungssaal die Form dieses Modells. Aber die Umstände verhinderten eine entsprechende Gestaltung des Außenbaues[2].

Nachdem 1907 beim Münchener Kongreß der Theosophischen Gesellschaft »das Heilige Drama von Eleusis« und in den folgenden Jahren weitere Dramen von Edouard Schuré[3] aufgeführt worden waren, schrieb und inszenierte Rudolf Steiner selbst vier Mysteriendramen (1910–13)[4]. Es wurde immer hinderlicher, diese Aufführungen und die dazugehörenden Jahreskongresse in gemieteten, in Stil und Ausstattung unpassenden Theatern zu veranstalten. So entstand die Absicht, einen eigenen, entsprechend gestalteten Saal- und Bühnenbau zu errichten. Planungen in München, dem Ort aller dieser Aktivitäten, sahen 1910/11 einen Bau vor, der im wesentlichen aus zwei ineinandergeschobenen überkuppelten Zylindern verschiedener Größe bestand. Er mußte im Innern eines Baublocks, umgeben von Wohnbauten, angeordnet werden[5]: Das Projekt kam nicht zur Ausführung. Da wurde Steiner ein geeignetes Grundstück in Dornach bei Basel zur Verfügung gestellt, und hier nun entstand auf einem Hügel »der Bau« der inzwischen von der Theosophischen getrennten Anthroposophischen Gesellschaft, der den Namen Goetheanum erhielt (Grundsteinlegung 1913; Abb. 2–30). Hier wurde das Ganze wie jedes Detail aus dem geistigen Gehalt der Anthroposophie geschaffen, der Bau wurde »Anthroposophie als Kunst«. Andere hinzugehörige Bauten entstanden gleichzeitig: das Heizhaus mit Elektrozentrale (Abb. 34–41) und das Glashaus (Abb. 31–33), ursprünglich als Atelier zum Schleifen der Fenster für das Goetheanum gebaut, später – und heute noch – für Labor und Verwaltung verwendet. Dazu ist im weiteren auch »Haus Duldeck« (Abb. 42–55) zu zählen, das Wohnhaus für den Spender des Grundstücks. Weitere Bauten kamen im Lauf der Zeit hinzu (Abb. 82–86). – Noch nicht ganz fertiggestellt und erst seit zwei Jahren in Benutzung, fiel das Goetheanum einer Brandstiftung zum Opfer

(Silvester 1922/23). Doch schon wenige Tage danach stellte Rudolf Steiner die erste Konzeption für ein neues Gebäude dar. Er konnte noch das Modell für den Baukörper gestalten; die Ausarbeitung der Pläne überließ er aber weitgehend den mitwirkenden Architekten. Für den Innenausbau liegen kaum Anweisungen vor. Andere Aufgaben standen in Steiners beiden letzten Lebensjahren im Vordergrund. Zuletzt verhinderte die Krankheit, von der er sich nicht wieder erholte, eine weitere Bautätigkeit.

Steiners Wirken als Baumeister kulminiert im ersten Goetheanum-Bau. In der Entwicklungsgeschichte dieses Baugedankens – beginnend mit der Innendekoration, dann nur Innengestalt, auch in München noch ein halbverborgener Außenbau, bis zu dem Bauwerk, das frei auf dem Hügel steht und eine Familie gleichgesinnter Bauten um sich versammelt – wird deutlich: Alles Frühere zielt auf diesen Bau hin, alles Spätere ist Weiterwirken und Umgestalten, obwohl der zweite Bau eine vom ersten überraschend verschiedene Gestalt erhielt und auch von Steiner als Weiterentwicklung angesehen wurde.

Rudolf Steiner und seine Bau-Aufgabe

Das Werk, das Rudolf Steiner als Baumeister hinterlassen hat, ist eigentlich kein Oeuvre, und im üblichen Sinne war Steiner auch kein Architekt. Er wirkte innerhalb seiner vielseitigen Tätigkeiten dann auf dem Feld des Bauens, wenn sich ihm entsprechende Aufgaben stellten. Und meistens standen ihm Architekten zur Seite, die ihre Fähigkeiten hingebungsvoll zur Verfügung stellten. Aber er war auch nicht ein Dilettant, der etwas ersann, mit dem andere sich dann abzumühen hatten. Ob, wie beim ersten Goetheanum, alles bis zur geometrischen Struktur und zur technischen Verwirklichung, bis zum kleinsten Detail auf seiner Konzeption beruhte oder er nur eine zeichnerische oder plastische Skizze zu einem Wohnhaus machte, ob er ganz neue Bauformen entwickelte oder sich an die traditionelle Hausform anpaßte, immer waren seine Entwürfe sachkundig und vor allem überraschend, weil etwas für die Aufgabe, die Situation, die betreffenden Menschen Wesentliches Form wurde.

Gewöhnlich halten wir einen Künstler für einen begabten Menschen. Wir beobachten, wie seine Begabung sich im Ringen um die Kunst in Fähigkeiten wandelt, wie diese Fähigkeiten sich bilden, entwickeln, reifen. Die Stadien des Werkes geben darüber Auskunft, sind Zeichen einer *persönlichen* Stilentwicklung. Das heißt: Der Künstler bringt etwas mit – und letztlich bringt er es mit durch die Geburt –, was sich in ihm entwickelt, und diese Entwicklung prägt das Werk.

Rudolf Steiner hatte keine künstlerische Laufbahn hinter sich. Und er stand im 53. Lebensjahr, als die Arbeit am Goetheanum begann. Er wurde zum Baumeister durch die Aufgabe, die sich ihm stellte. Und nicht nur Baumeister: Der Bau forderte eine plastische Durchgestaltung und sollte als Abschluß und Zusammenfassung eine über 9 m hohe Holzskulptur erhalten. Die Kuppeln sollten ausgemalt werden. Steiner schuf alle plastischen Formen, entwarf alle malerischen Motive. Er schnitzte selbst wesentliche Partien der großen Skulptur, malte einen Hauptteil der kleinen Kuppel eigenhändig aus. Er wurde Bildhauer und Maler. Und zugleich gab er Rezitation und Schauspiel neue Impulse und entwickelte vor allem die neue Kunst Eurythmie. »Wahrscheinlich hätte die Eurythmie nicht ohne die Arbeit am Bau gefunden werden können. Vor dem Baugedanken war sie nur in ihren ersten Anfängen vorhanden.«[6]

Aus der Arbeit am Bau war ein Gesamtkunstwerk hervorgegangen. Die Gestaltung des einen Werkes hatte zu einer umfassenden Erneuerung der Künste und zur Schöpfung einer neuen Kunst geführt. Der ursprüngliche Philosoph und Geistesforscher war zum universellen Künstler geworden.

Wie war das möglich? Es wäre nur eine Floskel, wollte man z. B. von einem »künstlerischen Potential« sprechen, das er in sich gehabt haben müsse und das erst so spät zum Durchbruch gekommen sei. Aber aus welcher Quelle stammte das, was dann in künstlerischer Form offenbar wurde, wenn nicht aus persönlicher Genialität? Wie ist es denkbar, daß ein Mensch durch seine Aufgabe zum Künstler wird? Worin bestand die Aufgabe? Und wie verhielt sich Rudolf Steiner zu ihr?

Rückblickend auf die – nicht von ihm geäußerte – Absicht, der Anthroposophie ein eigenes Gebäude zu errichten, schreibt er:

»Ich selbst betrachtete mich nur als den Beauftragten dieser Träger der Bauabsicht. Ich glaubte, meine Kraft auf den Ausbau der inneren geistigen Arbeit der Anthroposophie konzentrieren zu müssen und nahm dankbar die Initiative hin, derselben eine eigene Wirkensstätte zu schaffen. In dem Augenblicke aber, in dem die Initiative ihrer Verwirklichung entgegenging, war die künstlerische Ausgestaltung für mich eine Sache der inneren geistigen Arbeit. Ich hatte mich dieser Ausgestaltung zu widmen. Ich machte geltend, daß aus denselben Grundlagen, aus denen die Gedanken der Anthroposophie kommen, auch die künstlerischen Formen des Baues kommen müssen, wenn er eine wirkliche Umrahmung der anthroposophischen Weltanschauung sein solle. – Daß dieses nicht in der Art einer strohernen Allegorik der Bauformen oder eines vom Gedanken angekränkelten Symbolismus zu geschehen hat, liegt im Wesen der Anthroposophie, die nach meiner Überzeugung eben zur wirklichen Kunst führt.«[7]

Darum ging es: die den anthroposophischen Gedanken adäquaten Kunstformen zu finden, aber nicht als Ableitung aus den Gedanken – eben das wäre Symbolismus oder Allegorie –, sondern als eigenständig-künstlerische Entwicklung aus derselben Quelle. Mit der Entstehung des Goetheanums, des Herzstücks von Steiners Kunsttätigkeit, gelang es, aus der Quelle geistiger Erkenntnis einen zweiten Strom fließen zu lassen: in das Gebiet der künstlerischen Gestaltung. Und nur dadurch konnte dieser Bau entstehen, er war die Erscheinung dieses Stromes. Diese Aufgabe machte Rudolf Steiner zum Künstler.

Hier entwickelte sich also die *Sache* und erfüllte, prägte, verwandelte den Menschen – nicht umgekehrt. Gewiß spielt die menschlich-persönliche Entwicklung immer eine Rolle, nicht nur von Steiner selbst, sondern auch von seinen Mitarbeitern. Aber die Entwicklung der Sache war das Bestimmende, auch für den Stil. Rudolf Steiner hatte die Fähigkeit, tastend an eine neue Sache heranzugehen, sie intensiv zu durchdringen und sie sich in kürzester Zeit anzueignen. Er ersparte sich dabei Fachurteile und Fach-Vorurteile (durch die früher Gelerntes gegenwärtige Erfahrung oftmals trübt), ihm kam es darauf an, wie sich das Weltwesen auf dem spezifischen Gebiet äußerte, mit dem er es gerade zu tun hatte. Unmittelbar daraus ergaben sich die Bedingungen, Gliederungen, Formen, und sie waren oftmals neu. Diese Fähigkeit, aus dem Geistigen zu schöpfen – nicht aus sich, aus eigener Begabung zu entwickeln oder von einer Erkenntnis bloß abzuleiten –, konnte Rudolf Steiner zur Verfügung stellen.

Die allmähliche Konkretisierung des Baugedankens über die Stationen München 1907, Malsch, Stuttgart, München 1911 bis zum Goetheanum war also keine stilistische Entwicklung Steiners, seines Suchens. Der Baugedanke suchte vielmehr eine ihm gemäße Erscheinungsform, selbstverständlich auch im Zusammenhang mit den jeweiligen Situationen. Dies gilt ebenfalls für die im Umkreis des

Goetheanums errichteten Gebäude und für den zweiten Bau. Rudolf Steiner konnte sich so in seine Aufgabe hineinversetzen, daß er völlig im Gleichkang mit ihr und aus ihrem Gehalt zu handeln vermochte.

Von hier aus fällt ein Licht auf seine Lebensarbeit überhaupt. Sie bestand darin, die spirituelle Wirklichkeit, die er erfahren, in der er sich bewegen konnte, denkbar, aussprechbar, künstlerisch gestaltet erlebbar, im praktischen Leben fruchtbar zu machen. In dieser Lebensarbeit war die Erneuerung der Kunst ein wesentlicher Abschnitt. Deshalb war die »künstlerische Ausgestaltung (eine) Sache der inneren geistigen Arbeit« und genauso wesentlich wie die Erkenntnis selbst. Denn die Aufgabe war nicht, etwas bereits Erkanntes mit bekannten Mitteln in Erscheinung zu bringen, sondern geistig Erfahrbares sollte künstlerisch erscheinen. Die Künste waren für das Leben des Geistigen zu erschließen. In den künstlerischen Mitteln mußte dieses Geistige gefunden, wiedergefunden werden.

Kann man diesen gewiß ungewöhnlichen Gedanken akzeptieren: Geistiges, im Erkennen Erfahrenes, soll im künstlerischen Medium – in der Art, in der es dort erscheinen kann – wiederentdeckt und zur Wirksamkeit gebracht werden, und: die Entwicklungsstufen der Erscheinung sind nicht Stilstufen des Autors, sondern im Wesentlichen im Erscheinung-Werden des Geistigen begründet, dann werden gewisse fast kindlich-naiv anmutende Skizzen Steiners auf einmal verständlich. Sie wurden oft mißverstanden, und mancher Künstler, der eine solche Skizze zur weiteren Ausarbeitung erhielt, versuchte sie zu korrigieren. Solche Skizzen entstanden immer da, wo Steiner an eine Aufgabe in der oben geschilderten Weise neu herantrat, sich einem ersten Klang, einer ersten Gebärde tastend hingab. Wie ein Kind aus der intensiv erlebten sinnlich-seelischen Fülle der Wahrnehmung nur ein Minimum von Zeichnung destilliert (während der geübte Erwachsene meist um so naturalistisch-richtiger zeichnet, je weniger er erlebt), so etwa sind diese ersten tastenden Skizzen Steiners zu verstehen. War die geistige Erfahrung erst einmal auf der sinnlichen Seite angekommen, im sinnlichen Medium erfaßt, dann konnte sie weiterentwickelt, ausgestaltet, vervollkommnet werden (Fig. 1).

Fig. 1 Skizze von Rudolf Steiner zu den Säulen und Architraven des Zuschauerraums, 1913. Die Kapitelle sind weggelassen. An den Säulenschäften sind die »Säulenworte« angeschrieben: DAS ES – AN ES – IN ES – ICH – VOM ICH – AUS MIR – ICH INS ES

Seine Skizzen und sein Arbeitsstil zeigen, wie er jede neue Aufgabe völlig unbefangen anging, um sie dann meisterlich zu vollenden. Ihm standen die Kräfte der verschiedenen Lebensalter, die sich sonst in der persönlichen Stilentwicklung äußern, gleichzeitig zur Verfügung. Er war so vielseitig, daß er in sich vereinigte, was sonst nur eine ganze Gruppe hochbegabter Persönlichkeiten, aber ohne diese Einheit, hätte leisten können. Anders ist die Fülle seiner Möglichkeiten und seines Werkes gar nicht zu begreifen.

Um die hier in nur wenigen Zügen skizzierte Wirksamkeit Rudolf Steiners zu fassen, ist ein Begriff nötig, der dem Abendland abhanden gekommen ist: der Begriff des Eingeweihten. Auch wer sich auf seine Forschungen – die Anthroposophie – noch nicht einläßt, kommt angesichts seines Lebens um diesen Begriff nicht herum.

Eine Seite dieses Eingeweihtseins muß hier wenigstens angedeutet werden. Es gibt keine Aufgabe, der sich Steiner entzogen hätte, etwa mit dem Hinweis darauf, daß er dafür nicht zuständig oder nicht entsprechend vorgebildet sei. Keine Aufgabe traf ihn unvorbereitet. Was auch an ihn herankam, immer hatte er irgendwann in seinem Leben schon Erfahrungen gewonnen, etwas durchgemacht, was ihn befähigte.

Dies gilt auch für die Architektur. Seinen besonderen Fähigkeiten entsprach eine besondere Biographie[8]. Beide bildeten die Grundlagen, die seinen Arbeitsstil erst möglich machten.

Und noch etwas gehörte unabdingbar dazu, das auch aus obigem Zitat »Ich selbst betrachtete mich nur als den Beauftragten dieser Träger der Bauabsicht...« hervorgeht: Steiner hatte keine derartigen Absichten und durfte keine haben. Sein Auftrag war es ja gerade, seinen Willen der im Erkennen aufleuchtenden geistigen Wirklichkeit zur Verfügung zu stellen, sich so von ihr durchdringen zu lassen, daß sie im eigenen Wesen und mit ihm zusammenwirkte. Jedes eigene, persönliche Wollen hätte dem entgegengewirkt. Und er hatte mit anderen Menschen zusammenzuarbeiten, die das ihnen mögliche Maß der Hingabe an die geistige Wirklichkeit selbst finden mußten. »Tritt nun der Eingeweihte ... aus seinem umschlossenen Geistgebiet heraus, vor die Öffentlichkeit, dann kommt für ihn sogleich ein drittes Gesetz in Betracht: Richte jede deiner Taten, jedes deiner Worte so ein, daß durch dich in keines Menschen freien Willensentschluß eingegriffen wird.«[9] In völliger Freiheit mußte alles geschehen. Steiner hat immer nur auf Fragen – ausgesprochene oder latente – geantwortet und manches verschwiegen, weil danach nicht gefragt wurde.

Der Begriff vom Menschen

Rudolf Steiner ließ sich von seinen Aufgaben erfüllen und durchdringen und wurde ihnen gerade durch diese Hingabe gerecht. Er hat seine Erkenntnis gelebt und in diesem Leben einen bestimmten Begriff vom Menschen verwirklicht, von der Beziehung, in der Eigenheit und Aufgabe zueinander stehen. Dieser Begriff lag allem seinem Erkennen und Schaffen zugrunde. So wird es zum Verständnis seines künstlerischen Werkes gut sein, diesen Begriff vorher zu klären.

Am Anfang des vorigen Kapitels wurde schon angedeutet, wie sich das Werk eines Künstlers letztlich auf Veranlagungen aufbaut, auf dem Verhältnis von dem, was er kann, zu dem, was ihm nicht möglich ist. Dies gilt im Grunde für jeden Menschen. Jeder trägt etwas Verborgenes in sich, das im Lauf des Lebens offenbar wird, sei es dadurch, daß es ihm selbst als Eigenart bewußt wird, oder dadurch, daß es aus ihm in seine Handlungen einfließt und diesen einen bestimmten Charakter, eine bestimmte Art verleiht. Daran, ›wie er es macht‹, erkennt man einen Menschen, und er lernt so sich selbst erfahren. Dadurch kommt er in Harmonie oder Konflikt mit der Umwelt, entstehen die Anstöße, die Entwicklung bewirken, entfaltet sich Schicksal. Dies alles ist *er* – er als Prozeß. Aber nicht nur als Subjekt. Denn was er durch seine Art bewirkt, das werden konkrete Tatsachen, und was die Umwelt darauf antwortet, besteht ebenfalls aus Tatsachen: Tatsachen, aus denen das Geflecht des Schicksals sich bildet. Durch dieses Tatsachen-Sein hat jedes Leben einen sachlichen Charakter. Und da es nie still steht, immer neue Probleme aufwirft, die zu bewältigen sind, ist es – sachlich gesehen –

ständig Aufgabe, Auftrag. *Alles, was die Person ausmacht, ist zugleich Aufgabe* oder: *Jeder Mensch ist ein Auftrag, der sich zur Person verdichtet.* Zwischen Person-Sein und Auftrag-Sein pendelt das Leben hin und her, und diese Pendelschläge sind die Schritte der Lebensentwicklung. Doch diese beiden Pole sind nicht gleichartig. Am personalen Pol entsteht Selbstbewußtsein im Gegenüber zur Welt. Es erscheint subjektiv zuerst übermäßig wichtig. Aber die Folgen aus allem selbstbezogenen Handeln werden erst am anderen Pol evident. Von der persönlichen Seite gesehen, sind alle Menschen Einzelwesen, jedes mit gleichem Recht, so zu sein, wie es ist. Von der Aufgabenseite aus wirkt jeder an des anderen Schicksal mit: als Partner oder Gegenspieler, Anreger oder Vergleichsmaßstab, Vorbild oder Verführer. Jeder hat für den anderen Bedeutung, eben durch die Art, wie er lebt und wer er dadurch ist. Keiner kann sich der daraus resultierenden Verantwortung entziehen. Dieses Spannungsverhältnis hat jeder in sich, es macht eigentlich das Menschsein aus.

So ist jedes Leben eine individuelle Form dieses Menschseins überhaupt, jeder eine einmalige Ausprägung von Menschheit. In dieser Zwei-Einheit von Person und Sache, Einzelmensch und Menschheit ist Menschenwürde begründet. Sonst wäre sie ein leeres Wort. In seiner Privatheit bleibt jeder allein, da ist nichts, was ihn erwürdigen, und nichts, vor dem er würdig sein könnte. Erst wo in jedem ein höheres Prinzip, aber *als er selbst* (nicht als Fremdinstanz) anwesend ist, da ist Würde. Dieses Prinzip ist die Aufgabe der Existenz. Veranlagung entfaltet sich nur im Konflikt mit einem Gegenüber, mit der Welt: Das von innen heraus Kommende muß sich durch das Äußere verwandeln, das Äußere durch das Innere gestalten lassen. Eben auf diese Weise wird das im Inneren Verborgene offenbar, sonst müßte es verborgen, unentwickelt bleiben. So ist jede Bewältigung einer Aufgabe, eines Lebensproblems Arbeit an sich selbst, jede neue Fähigkeit Ergebnis einer Verwandlung.

Dies drückt sich in der selbstverständlichen Tatsache aus, daß alle Lebensziele, alle Ideale über das hinausweisen, was schon angelegt, gegeben, zueigen gemacht ist. Aber es muß am Gegebenen gearbeitet werden. Dabei kommt es nicht darauf an, daß das Ideal als Vorstellung – eine vorgestellte ideale Welt – Wirklichkeit wird, sondern darauf, im Verwirklichungsbemühen sich mit den Kräften des Ideals zu durchdringen. »Jede Idee, die dir nicht zum Ideal wird, ertötet in deiner Seele eine Kraft; jede Idee, die aber zum Ideal wird, erschafft in dir Lebenskräfte.«[10]

Es ist Grundtatsache des Menschseins, in Verwandlung, auf dem Weg zu sein. Dieser Weg führt vom Bestimmtsein durch die Eigenheit zu einer Bestimmung durch das Überpersönliche, Allgemeine. Er ist gegeben durch die Tatsache, daß das *Denken* immer allgemein ist. Es gibt keinen persönlichen Gedanken. Ein richtiger Gedanke ist für alle gleich richtig. Man kann ihn zwar für den privaten Nutzen einsetzen, aber im Prinzip führt das Denken, das Bewußtmachen der Lebensverhältnisse, über die Eigenheit hinaus. Die Privatheit, der Selbstbezug wird unbedeutend, die Lebensaufgabe wesentlich. – Zwei Ströme begegnen sich, durchdringen sich. Der aus dem Überpersönlichen, Menschheitlichen Kommende entwickelt das, was im Eigenwesen veranlagt ist, befreit es aus der Eigenheit zu einer umfassenderen Wirksamkeit. Erst da ereignet sich Freiheit. Willkür – tun und lassen zu dürfen, was man möchte – führt zum Absturz in die Bedingtheiten des Subjekts, seiner Wünsche und Begierden. Freiheit besteht darin, von diesen Bedingtheiten ungehindert einer erkannten Aufgabe folgen zu können. – *Der Mensch ist an jedem Punkt, an dem er seine Existenz bewußt faßt, in sich eine Begegnung mit sich selbst:* Menschheitliches und Eigenwesen, weder nur das eine noch nur das andere, doch eins nur am andern erfahrbar. Erst in dieser Begegnung wird sein Wesen offenbar.

Diese Begegnung beginnt schon im Vorgang der Erkenntnis: Wahrnehmung (von außen) und Denken (von innen) durchdringen sich, führen zu einem Urteil. Aber das Denken ist, obwohl von innen kommend, doch nicht subjektiv. Es kann das Bilden und die Beziehungen seiner Begriffe ebenso beobachten wie sinnliche Wahrnehmungen und ihre Verhältnisse. Also kommt ihm gleiche Objektivität zu, es ist »höhere Erfahrung in der Erfahrung«. Das ist die grundlegende Entdeckung Rudolf Steiners auf dem Gebiet der Erkenntnistheorie, daß das Gewahrwerden der Begriffswelt durch das Denken ebenso Wahrnehmung ist wie das Gewahrwerden der faktischen Welt durch Sinnesbeobachtung (einschließlich die Sinne erweiternder Apparate)[11]. Dabei geschieht die Begegnung im Denken noch einmal: Es muß vom Subjekt »getan« werden, aber seinen Inhalt erhält es durch die sich in diesem Prozeß einstellenden Begriffe; beides verwebt sich zu einer Einheit und wird dadurch erst wirklich menschlich. Als Denkender, d.h. Geist Beobachtender gehört der Mensch schon einer höheren Ordnung an, ist er Geistwesen. »Bürger zweier Welten, der Sinnen- und der Gedankenwelt, die eine von unten an ihn herandringend, die andere von oben leuchtend, bemächtigt sich der Mensch der Wissenschaft, durch die er beide in eine ungetrennte Einheit verbindet.«[12]

Von dieser ersten Auseinandersetzung des 24jährigen an durchzieht dieses Motiv des Menschen, der sein Wesen in der Begegnung mit sich selbst erkennt, das gesamte Werk Steiners. Es ist der Grundstein der Anthroposophie.

Der Künstler macht als Mensch dieselbe Existenzproblematik durch. Er unterscheidet sich vom Nichtkünstler eigentlich nur dadurch, daß er sie im Bereich seiner Kunst noch einmal besonders durchlebt. Hier kann er gestaltend zuende führen, was sonst meist Prozeß bleibt, er kann für die sinnliche Erfahrung voll bewußt machen, was sich im übrigen Leben mehr unanschaulich und halbbewußt vollzieht. Sein Werk wird um so mehr Bedeutung haben, je mehr es über einen Niederschlag persönlicher Lebensverhältnisse hinausgeht, je mehr es in künstlerischer Gestalt erfüllt, was als Zeit- und Zukunftsaufgabe vor der Menschheit steht.

Der Kunstbegriff

Wenn es nun Rudolf Steiner gegeben war, der Begegnung mit dem Geist abzuringen, was andere Menschen mehr aus ihren Anlagen schöpfen müssen – wie hat er dann Kunst begriffen und gestaltet? Es liegt nahe anzunehmen, er hätte das Geistige in einer jenseitigen Welt erschaut und dann in die diesseitige übertragen, so daß die geistig begründete Kunstform ein Abbild der übersinnlich erschauten Form wäre. Es gäbe dann die anthroposophischen Gedanken und daneben die ihnen entsprechenden sinnlichen Erscheinungen. Genau das hat er immer abgelehnt und als »hölzerne Symbolik und stroherne Allegorie« bezeichnet.

In welchem Verhältnis steht dann der Gedanke zur Kunstform, warum war »der Bau«, die künstlerische Erscheinung der Anthroposophie, so wichtig und sein Verlust so schmerzlich? In dem schon zitierten Rückblick heißt es:

»Die Initiative der Freunde dieser Weltanschauung für den Bau des Goetheanums konnte in Wahrheit nur ausgeführt werden, wenn dieser Bau bis in die Einzelheiten seiner Gestaltung aus demselben lebendigen Geiste heraus entstand, aus dem die Anthroposophie selbst quillt. Ich habe öfter ein Bild gebraucht: Man betrachte eine Nuß und die Nußschale. Die Schale ist gewiß kein Symbol der Nuß. Aber sie ist aus denselben Gesetzmäßigkeiten heraus geformt wie die Nuß. So kann der Bau nur sein die Hülle, die in ihren Formen und Bildern künstlerisch den Geist verkündigt, der im Worte lebt, wenn Anthroposophie durch Ideen spricht.

Es ist in dieser Art jeder Kunststil aus einem Geiste herausgeboren, der auch in einer Weltanschauung ideenhaft sich geoffenbart hat.«[13]

Kunststil und Weltanschauung stehen hier gleichberechtigt nebeneinander. Das Mißverständnis beginnt immer dann, wenn man die Kunstform von der Idee ableiten, als ihr Abbild ansehen möchte. Doch die Idee, so wie sie im Bewußtsein erscheint, ist schon die Endgestalt eines Prozesses, nämlich des Denkens. Sie verhält sich zu dem lebendigen, erkennenden und die Erkenntnis ausgestaltenden Bewußtseinsvorgang so wie der Same zum Pflanzenwachstumsprozeß. Sie muß durch eine neue Problemstellung hindurchgehen, um in einem neuen Prozeß wieder lebendig zu werden. Die »fertige« Idee kann niemals Kunst erzeugen.

Vergleichbar sind nur die Prozesse. In beiden ist der Mensch gestaltend tätig. Im einen Fall, in der Wissenschaft, gestaltet er das erkannte Wesen aus als Idee, indem er alles Stoffliche, alle Einzelheit der erforschten Erscheinung eliminiert, das Gesetz herausarbeitet. Er führt die Erscheinung auf das Gesetz zurück. Die Idee ist die Erscheinung des Gesetzes im Bewußtsein. Die gestaltende Geistigkeit, die in der Welt wirkt, arbeitet auch im Bewußtsein und schafft dort diese Erscheinung, die sie sonst in der Welt nicht hat, durch die sie aber für das Bewußtsein erkennbar wird.

Im anderen Fall muß der Künstler ebenso die Einzelerscheinungen und weitgehend auch das Stoffliche überwinden; er kommt zu elementaren Qualitäten, die unmittelbar sinnlich gegeben sind. Er läßt sie aufeinander wirken und erhält eine Gestalt, die rein aus den im Prozeß tätigen Kräften hervorgeht. Da wirkt die Gesetzlichkeit in der Erscheinung, sie wird ihr eingepflanzt, sie schafft durch das Bewußtsein hindurch im sinnlichen Medium ein Bild. Was in der Wissenschaft als Idee *herausgearbeitet* wird, *liegt* der künstlerischen Gestalt *zugrunde.*

»Das Schöne (das Kunstwerk) ist ein sinnliches Wirkliches, das so erscheint, als wäre es Idee.« – »Der Künstler bringt das Göttliche nicht dadurch auf die Erde, daß er es in die Welt einfließen läßt, sondern dadurch, daß er die Welt in die Sphäre der Göttlichkeit erhebt. Das Schöne ist Schein, weil es eine Wirklichkeit vor unsere Sinne zaubert, die sich als solche wie eine Idealwelt darstellt.«[14]

Also vom Wirklichen, sinnlich Gegebenen hat der Künstler auszugehen. Er durchdringt es mit derselben Geistigkeit, die im Erkennen als Idee offenbar wird. Aber er enthält sich dieser ideellen

Ausgestaltung und läßt statt dessen die Geistigkeit im Sinnlich-Wirklichen gestalten.

Was Wissenschaft und Kunst letztlich unterscheidet, ist die Blickrichtung: »Die Wissenschaft blickt durch die Sinnlichkeit auf die Idee, die Kunst erblickt die Idee in der Sinnlichkeit.«[15] Im einen Fall befreit sich die gestaltende Geistigkeit aus der sinnlich-stofflichen Hülle, in der sie gebunden war, im andern Fall taucht sie in die Hülle ein, durchzieht und erfüllt sie. Künstlerisches Gestalten ist Leben im Gesetz, Erfüllung des Gesetzes im Bilden der Erscheinung. Darum ist Kunst der Natur nahe, dort wirkt ja auch die Geistigkeit eingebunden in die Stoffe und Kräfte. Wie Erscheinung wird, davon hat der Künstler unmittelbare Erfahrung; er wird zum Vertrauten, zum Fortsetzer der bildenden Natur.

In Wissenschaft und Kunst geht es letztendlich um dasselbe: um das Leben in der den Menschen und die Welt durchwaltenden und gestaltenden Geistigkeit. Steiners Kunstbegriff ist kein Einzelbegriff. Er kann ohne den Zusammenhang mit der Erkenntnis nicht gefaßt werden.

Aus diesem Kunst*begriff*, den Steiner in der Zeit, in der er als Philosoph tätig war, anknüpfend an Goethes und Schillers Kunstanschauung, entwickelte, ist später, aber in geradliniger Fortsetzung die Kunst*wirklichkeit* des Goetheanums hervorgewachsen. Der Bau ist nicht nur ein Gesamtkunstwerk, an dem alle Künstler beteiligt sind, er bezieht auch das Erkennen ein, ist ein Kunst und Erkennen übergreifendes Gesamtwerk. Andererseits hat die Kunst Steiner nicht in fortgeschrittenem Lebensalter ›überfallen‹. Seine Kunstfähigkeit kam, wie schon früher ausgeführt, nicht aus Begabung. Sie entstand als Frucht aus früher errungener Kunsterkenntnis. Er hat damit einen neuen Weg eröffnet, auf dem sich neue Kunstfähigkeit bilden kann, frei – oder sich befreiend – von den Einseitigkeiten vorhandener Veranlagung und mit der Möglichkeit ständiger Korrektur und Weiterentwicklung: eine neue Perspektive der Kunst.

Die beiden Richtungen, die dieselbe Geistigkeit einschlägt, haben ihre Rückwirkung auch auf den Menschen. Erkenntnis enthüllt, Kunst bildet Hülle. Das Abstreifen, Auflösen der sinnlichen Erscheinung beim Erkennen bedeutet für den Erkennenden, daß er sich als Naturwesen vergessen muß. Nur als Geistwesen hat er

Zutritt zur Idee (und das fällt vielen Menschen aufgrund ihrer Veranlagung schwer). Wenn die Kunst dieses Geistige gestaltet, d.h. so in ihrem Medium wirken läßt, wie Naturkräfte in der Natur gestalten, dann führt sie das Geistige auf dieselbe Existenzebene, auf der der Mensch als Naturwesen lebt. Das Geistige *kommt zu ihm* auf dem Wege der Kunst und spricht sein Naturwesen an. Wie er sinnlich angeregt wird, das setzt sich unmittelbar in seine Natur hinein fort. Kunst ist die Brücke vom Geistigen zur Natur – und zwar die einzige.

Beide Prozesse, Auflösen und Bilden, sind Glieder eines übergeordneten Ganzen. Sie brauchen einander zur Ergänzung wie Einatmen und Ausatmen. Eine vorzugsweise wissenschaftliche Kultur muß zur Verrohung und Mißachtung des Naturwesens führen, weil sie es immer abstreift und von außen sieht, aber nie geistig durchdringt. Eine bloß künstlerische Kultur müßte an einer Überfülle von Leben ersticken. Aber nicht darauf kommt es an, daß beide sich die Waage halten, daß es Intellekt *und* Leben gibt. Das Erkennen darf nicht beim Erfahren, Zur-Kenntnis-Nehmen, beim bloßen Wissen stehenbleiben. Da wäre aller Erkenntnisinhalt vergeudet, er bliebe unfruchtbar. Und die Kunst darf nicht erst beim Gestalten beginnen. Da könnte nur unverwandelt herauskommen, was der Künstler schon in sich trägt. Sie bliebe unfrei (denn Freiheit ist nur im Erkennen, in der Gegenüberstellung möglich). Erkennen und Gestalten müssen sich miteinander verbinden, dann kann als gestaltende Kraft ins Leben eintauchen, was sich vorher im Erkennen enthüllte, und dann kann erkannt werden, was vorher gestaltend wirkte. Zwischen beide stellt sich etwas, das Steiner mit *Erleben* bezeichnete, in das das Erkennen einmünden, von dem die Kunst ihren Ausgang nehmen soll. Nicht daß man eine Idee *hat,* sondern daß man sie *er-lebt,* d.h. zum Leben bringt, nicht daß man Erscheinung bildet, sondern daß Erlebtes Erscheinung wird, darauf kommt es an. Im Erleben durchdringen sich Erkenntnis und Kunst, es lebt zwischen beiden wie der Herzschlag zwischen den Atemzügen.

Es war also nicht eine Sache ästhetischer Vollständigkeit, wenn der Hörer der im Wort ausgesprochenen Anthroposophie von einer aus gleichem Geist geformten Hülle umgeben sein sollte. Während er das Gehörte denkend in sich bewegte, sprach die Hülle ebenso zu ihm, aber in einer anderen Sprache, die sein leiblich-seelisches Naturwesen verstand. Er brachte nicht nur seinen Intellekt ein, um sich zu informieren, sondern wurde als ganzer Mensch ergriffen. Während die Erkenntnis die Zuwendung seines Geistes und das Vergessen des Naturwesens forderte, wurde der Bau zur Hülle nicht nur für das Wort, sie umschloß bewahrend die ganze Menschengemeinschaft und konnte gerade dann besonders wirksam werden. Die Begegnung mit dem Geistigen konnte in einer höheren Wahrheit verlaufen, als es in einem andersartigen Gebäude möglich gewesen wäre.

In diesem Zusammenhang von Erkennen – Erleben – Gestalten klingt der im vorigen Kapitel dargestellte Begriff des Menschen wieder an: eigenheitlicher und menschheitlicher Mensch in Begegnung: das in der Eigennatur Gebundene und das Überpersönlich-Allgemeine weben sich ineinander, das Eigenwesen dadurch verwandelnd und neugestaltend – und dies in jedem Bewußtseinsakt, in dem der Mensch von sich weiß.

Erkennen und Gestalten, Enthüllen und Hülle-Bilden sind die Prozesse, in denen sich diese menschliche Existenz vollzieht. Das dazwischenliegende Erleben entspricht dem Moment der Begegnung, in dem alle Zweiheit zur Einheit verschmilzt. Um diesen Moment, diesen Punkt geht es. Von dort aus muß die Verwirklichung des Menschen – und sie kann nur Selbstverwirklichung sein – beginnen, sich ausbreiten, von dort aus gesehen ist alles andere Umkreis, »Welt«: die persönlichen Eigenarten, die eigene Leib- und Seelengestalt ebenso wie das Schicksal in Gesellschaft, Natur, Universum. Ob das, was an diesem Begegnungspunkt geschieht, wirklich menschlich sei oder ob es von Kräften gesteuert wird, die dem Umkreis angehören, das ist die Grundfrage an den existentiell verantwortlichen Menschen.

Das Geschehen an diesem Punkt: der Mensch als Rhythmus – einheitliches Wesen, in dem sich *Welten* begegnen, an denen er als Zweiheit Anteil hat und die er verwandelnd verbindet, indem er *seine* Zweiheit überwindet – das ist es, was dem Zusammenklang von Erkenntnis und Kunst zugrundeliegt und sich durch ihn verwirklichen kann.

Dazu war der Weg in die Kunst notwendig. Das ist der Grund, warum Rudolf Steiner die (damals noch) Theosophie aus den umschlossenen Kreisen einer esoterischen Gesellschaft hinaus in die Kunst führte. Es hätte sonst eine selbstbezogene Gelehrtenvereinigung ohne Entwicklungsdynamik zurückbleiben müssen. Die geistige Wirklichkeit wollte sich der Welt zuwenden, und sie konnte es nur über die Brücke der Kunst. Aber es hätte nicht gereicht – wie es gelegentlich schon früher versucht wurde –, neben einer Lehre vom Geistigen eine Abteilung für Kunst zu errichten. Die Kunst mußte aus diesem Mittelpunkt heraus erneuert werden. Sonst hätte sie ihre Aufgabe nicht erfüllen können.

Das Erleben

Erkennen und künstlerisches Gestalten schließen sich im Herzpunkt des Erlebens zu einem umfassenderen Ganzen zusammen. Dieses Erleben, das sich neu zwischen die beiden uralten Gebiete stellt, die sich früher von selbst verbanden und heute so weit auseinandergerückt sind, ist eigentlich eine Entdeckung Rudolf Steiners. Es verdeutlicht sich zuerst im Erkennen: »Man muß sich der Idee erlebend gegenüberstellen, sonst gerät man unter ihre Knechtschaft.«[16] Das Erkennen als Gegenüberstellung macht Freiheit möglich, im Erleben kann sie sich verwirklichen. Ein Kurzschluß zwischen Erkennen und Handeln, der das Erleben überspringt, schaltet immer das Menschliche aus und bringt andere Mächte ins Spiel, wird zur Nötigung. Das Erleben ist in die Kräftewelt, die es erlebt, eingetaucht, aber es geht nicht darin unter, es hält Abstand und greift die Erfahrung neu.

Darum ist der künstlerische Prozeß, der aus dem Erleben hervorgeht, nicht darauf angewiesen, die Inhalte oder Themen der Erkenntnis zu übernehmen. So eng die Kunst auch mit der Erkenntnis verbunden ist, es schränkt ihre Selbständigkeit nicht ein. Im Gegenteil, erst dann kann sie ihr Eigenleben entfalten. Was sich aus der Erkenntnis unmittelbar in den Kunstprozeß überträgt, bezeichnet Steiner als abstrakt.

»Aber am Goetheanum wurden keine abstrakten Ideen verkörperlicht. Die Ideengestaltung wurde völlig vergessen, wenn aus der künstlerischen Anschauung Linie aus Linie, Fläche aus Fläche hervorgeholt wurde. Wenn in Farben auf der Wand dargestellt wurde, was auch unmittelbar im Farbenbilde geschaut wurde.

Wenn ich zuweilen Besuchern das Goetheanum persönlich zeigen durfte, dann sprach ich aus, daß mir alles ›Erklären‹ der Formen und Bilder eigentlich unsympatisch ist, weil das Künstlerische nicht durch Gedanken nahe gelegt werden, sondern in unmittelbarer Anschauung und Empfindung hingenommen werden soll.

Kunst, die auf demselben Boden ersteht, wie der Ideengehalt der wahren Anthroposophie, kann wirkliche Kunst werden. Denn die Seelenkräfte, welche diesen Ideengehalt gestalten, dringen in die Geistigkeit vor, aus der auch die künstlerische Schöpferkraft kommen kann. Was man aus anthroposophischer Erkenntnis heraus in Gedanken formt, das steht für sich da. Man hat gar nicht das Bedürfnis, es in einer Halbkunst symbolisch auszudrücken. Dagegen hat man durch das Erleben derjenigen Wirklichkeit, welche Anthroposophie enthüllt, das Bedürfnis, in Formen, in Farben künstlerisch zu leben. Und diese Farben, diese Formen leben wieder für sich. Sie drücken keine Ideen aus. Ebenso wenig, oder ebenso viel, wie eine Lilie, oder ein Löwe eine Idee ausdrücken.«[17]

Hier ist die Verbindung von Erkenntnis und Kunst klar ausgesprochen. Seelenkräfte dringen in die Geistigkeit vor, indem sie den Ideengehalt der Anthroposophie ausgestalten (das muß jeder immer wieder neu tun, der diesen Ideengehalt sucht). Dann, eingedrungen in die Geistigkeit, in die »Wirklichkeit, die Anthroposophie enthüllt«, erleben sie diese. Und durch das Erleben entsteht das Kunstbedürfnis, entsprechend wie vorher das Erkenntnisbedürfnis entstanden ist. Und wie dieses notwendig in Begriffen und Ideen leben muß, um zur Erkenntnis zu kommen (das Bedürfnis zu befriedigen), so lebt das Kunstbedürfnis (z.B.) in Farben und Formen, die ihren Geistgehalt in sich haben.

Damit scheidet alle Symbolik aus. Trotzdem sind gegenständliche Bilder möglich (wie der Löwe möglich ist, obwohl er keine Idee ausdrückt), und die Ausmalung der Goetheanum-Kuppeln bestand aus vielen Bildern. Allerdings waren sie, streng genommen, nicht gegenständlich, sondern etwas in ihnen vergegenständlichte sich aus Farbenströmen heraus, z.B. zu menschenähnlichen Gestalten. Die Fragen: Was bedeutet das? Was stellt das dar? sind immer schon falsch gestellt, sind Fragen nach dem Kurzschluß. Wenn man etwas erkennt und dann so, wie es dem erkennenden Blick erschien, in Farbe und Form überträgt, entsteht die »symbolische Halbkunst«.

Wenn man dagegen etwas »im Farbenbilde schaut«, erlebend sich der Farbe hingibt und in ihr sich verdichtend, aus ihr auftauchend etwas gewahr wird, was zur Gestalt sich verdichtet, dann ist »die Form der Farbe Werk«. Allerdings ist schon mancher über diesen

Satz gestolpert, der ihn zu wörtlich nahm: Die Form läßt sich nicht aus der Farbe deduzieren. Das Problem löst sich erst, wenn man den Zusammenhang von Erkenntnis- und Kunstprozeß beachtet. Wie sich die zu erkennende Geistigkeit nur durch die Gestaltung von Ideen enthüllt – die Ideengestaltung ist zugleich der Prozeß des »Vordringens in die Geistigkeit« – so bildet sich die Gestalt in der Farbe nur durch ein fortwährendes Schauen: Nicht in der sichtbaren Farbe ist die Form verborgen, sie ergibt sich erst dem Erleben, das durch die Farbe angeregt wird. Es muß sozusagen durch die Farbe hindurchschauen und damit in dieselbe Geistigkeit eintreten, in die auch das Erkennen hineinragt. Dem Enthüllungsvorgang des Erkennens liegt ein Gestalten zugrunde, dem Gestaltungsvorgang der Kunst ein Enthüllen; beide verhalten sich umgekehrt polar zueinander. Dementsprechend kommen sie auch zu ihrem Ergebnis: Die Erkenntnisfrage beginnt im Gegenständlichen und führt es auf die ungegenständliche, im Prinzip unendliche Geistigkeit zurück. Der Kunstvorgang beginnt im Aufgelösten, im ungestalten Medium und findet sein Motiv, seinen Gegenstand erst zuletzt. Ist das eingetreten, dann ist nicht etwas schon Bekanntes abgebildet, sondern es ist etwas im Reich dieser Kunst gesetzmäßig in Erscheinung getreten, was z.B. in der Natur und deren Gesetzen anders, vielleicht auch gar nicht erscheint.

Der entscheidende Punkt ist das Erleben. Dieser Punkt ist beiden gemeinsam. Von dort aus führen beide in ihre jeweils eigene Richtung. Was geistig er-lebt wurde, formt sich im Erkennen in Gedanken aus. Dasselbe wirkt im künstlerischen Prozeß weiter. Wie es, um Gedankengestalt anzunehmen, in das Beziehungsgefüge der Logik eingehen muß, so muß es auch, um Kunst zu werden, in etwas eingehen, aber dies ist kein allgemeines Beziehungsgefüge, sondern das individuelle Leben von Farben und Formen. Das geistige Erleben fließt sozusagen weiter in das Eigenleben der Farben und Formen, der künstlerischen Elemente überhaupt, und taucht dort auf, findet darin seinen Ausdruck. So haben Farben und Formen ihren Geistgehalt, der im Sinnlichen erscheint, aber nur dem geistigen Erleben offenbar wird. Das Leben in der Farbe wird zu einem »sinnlich-übersinnlichen« Vorgang, in dem Farben und Formen, ihrem Gehalt entsprechend, ins Gespräch kommen oder

Farben durch Bewegung Formen erzeugen. Wie kommt es zur Bewegung einer Farbe, zur Wahl einer Form, zum ganzen Formenwesen eines Bildes überhaupt? Sie entstehen aus dem, was die Seele übersinnlich erlebt. Nicht irgendein Gedanke oder dergleichen kommt ihr entgegen, der sich schon vorher irgendwo in der Geistigkeit aufgehalten hat: vielmehr wird sie sich ihres Erlebens bewußt, aber in der Weise, die durch das Leben der Elemente gegeben ist. Dieses *Bewußtwerden des Erlebens* in den einzelnen Elementen ist der Ursprung der künstlerischen Form und macht ihre spezifische Qualität aus. Alle Elemente, das ganze Sinnliche des Kunstwerks, haben Anteil an diesem Bewußtwerden, erscheinen daher wie mit einem Selbst begabt. Das Kunstwerk ist ein ganz mit Bewußtheit durchdrungenes Sinnesphänomen – Sinnlichkeit, deren verborgene, verzauberte Geistigkeit im Erleben gereift, im Bewußtwerden gestaltet, ganz Seele geworden ist: So gleicht es dem Menschen. Das Individuelle des Werkes stammt aus dem Charakter der verschiedenen Elemente, aus ihrem Eigenleben, nicht der Künstler als Person prägt das Werk. Wie es die vom Gedanken angekränkelte Symbolkunst gibt, so auch eine vom Selbstbezug des Künstlers verstümmelte, in der die Eigennatur der Bildelemente nicht mehr zur Sprache kommt. In diesem Fall hat der Künstler die Kunst ›vom Sockel gestoßen‹, um sich selbst in seiner Privatheit zu erhöhen. Vom Selbst des Künstlers darf nur etwas in das Werk eingehen durch die Art, in der er die Elemente erfaßt, sich ihnen hingibt, ihren Geistgehalt erlebt. Dies erscheint im Werk in der individuellen Prägung der Elemente. Dessen individuelle Gestalt bedingt höchste Selbstlosigkeit ihres Urhebers. Während das Erkennen auf Selbst und Welt als letzte Polarität stößt, erscheinen beide in der Kunst vereint: Welt als Selbst, Selbst als Welt. So können Erkennen und Kunst in einem Wechselverhältnis stehen als Polarität und Vereinigung der polaren Kräfte, als Auftauchen aus dem Sinnlichen und Untertauchen, aus derselben Wurzel stammend und eins das andere bedingend und fordernd.

»Anthroposophie hat zu ihrer Darstellung den übersinnlichen Inhalt der Welt, soweit er der menschlichen Anschauung zugänglich ist. Man fühlt, daß jeder Ausdruck dieses Gehaltes durch logisch geformte Ideen nur eine Art Gedankengeberde ist, die auf diesen

Inhalt hindeutet. Und die künstlerische Gestalt erscheint wie die andere Geberde, durch die die geistige Welt auf die Gedankengeberde antwortet; oder wohl auch umgekehrt, die Welt offenbart die Idee als Antwort, wenn man sie durch das künstlerische Bild frägt.

Die Stilformen des Goetheanums konnten deshalb nicht naturalistische Nachahmungen irgendeines äußerlich gegebenen Leblosen oder Lebendigen sein. Das Erleben des Geschehens in der geistigen Welt mußte die Hand führen, welche das Plastische formte, welche die Farbe auf die Fläche setzte. Man mußte den Geistgehalt der Welt in die Linienform sich ergießen, sich in der Farbe offenbaren lassen.«[18]

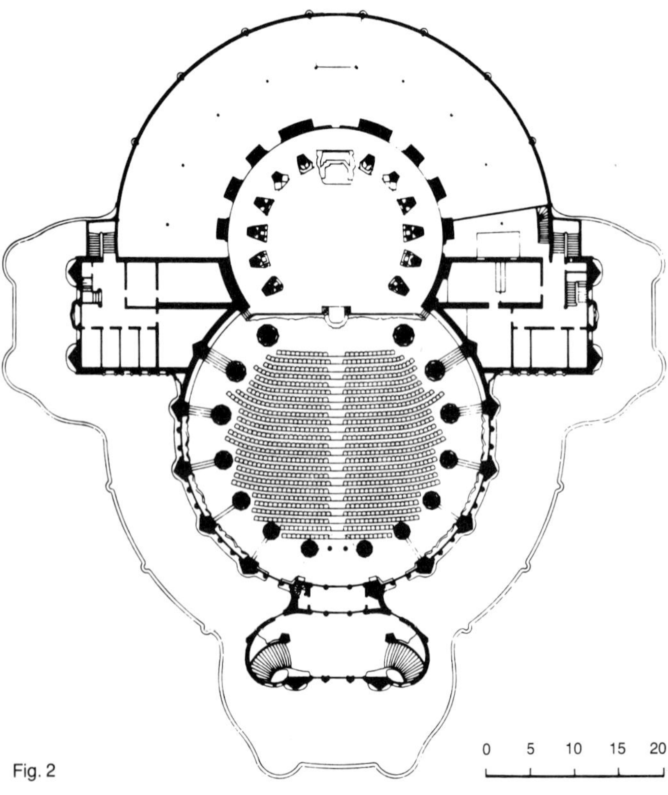

Fig. 2

Das erste Goetheanum – der Doppelkuppelbau und seine Gestaltung

Plastische und malerische Gestaltung gehörten für Steiner zum Bau. Und wenn er das erste Goetheanum schilderte, sprach er mehr von ihnen als von den reinen Architekturformen. Die Bauformen gestalteten sich in entscheidenden Bereichen plastisch oder wurden durch die Malerei seelisch transparent. Die drei Künste bildeten eine Einheit. Dabei gilt, was über die Entstehung der Gestalt bisher vor allem am Beispiel der Malerei ausgeführt wurde, im Prinzip auch für die beiden anderen Künste.

Der Doppelkuppelbau war gegenüber dem Münchener Projekt um zwei Seitenbauten bereichert, die an der Durchdringungsstelle der Zylinder ansetzten und den Bau zu einer Kreuzform ausweiteten. Er bestand ganz aus Holz und erhob sich auf einem Sockelgeschoß aus Beton, das eine Terrasse um den großen Zylinder bildete (Fig. 2, 3; Abb. 2, 22). Der Bau erfüllte eine alte Sehnsucht und auch Aufgabe der Architektur: die beiden grundverschiedenen Konzeptionen des ruhenden Kuppelbaus und des als Weg gedachten Langhauses zu vereinen. Seit dem Barock war die Architektur über die Kompromißform der gestreckten, d.h. elliptischen Kuppel nicht hinausgekommen. Steiner löste das Problem kompromißlos, indem er zwei Bauten, die in sich ruhend blieben, einander gegenüberstellte und sich durchdringen ließ. Wieder das Motiv der Begegnung! Funktionell motiviert dadurch, daß sich Zuschauer- und Bühnenraum einander zuwandten. Dabei standen die zweimal sieben Säulen des Zuschauerraums und die zwölf Säulen des Bühnenraums je im Rund, nur an der Durchdringungsstelle zueinander geöffnet; es entstand nicht der Sog des Weges, sondern etwas Abwartendes, Freilassendes. Die Dynamik wurde durch die Gebärde der Zuwen-

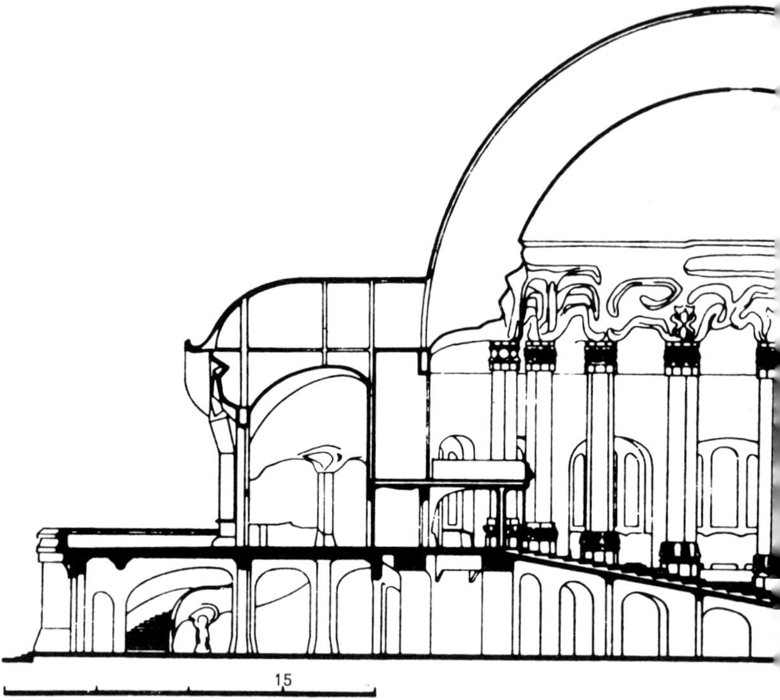

Fig. 2 (S. 32) und 3 Grundriß und Längsschnitt des ersten Goetheanums. Einige Maße: Gesamtlänge des Sockelgeschosses ca. 80 m, des Saalgeschosses ca. 60 m. Gesamthöhe über Gelände 34 m. Höhe der Innenschale der Saalkuppel über der tiefsten Stelle des Saalbodens ca. 26 m. Höhe der größten Säule über 14 m, ca. 900 Sitzplätze

dung hervorgerufen. Auf zwei Ebenen (ruhendes Rund im Räumlichen, Zuwendungsdynamik in der plastischen Gebärde) konnte sich vereinen, was auf derselben Ebene immer Kompromiß hätte bleiben müssen.

Die Säulen, die sich auf plastischen Sockeln erhoben und geschnitzte Kapitelle hatten, trugen in freien plastischen Formen gestaltete Architrave, die sich wie in einem breiten Strom auf den Bühnenraum zubewegten (Abb. 2, 4). Dieser Bewegungsstrom sollte zusammenklingend erlebt werden mit dem ihm entgegenkom-

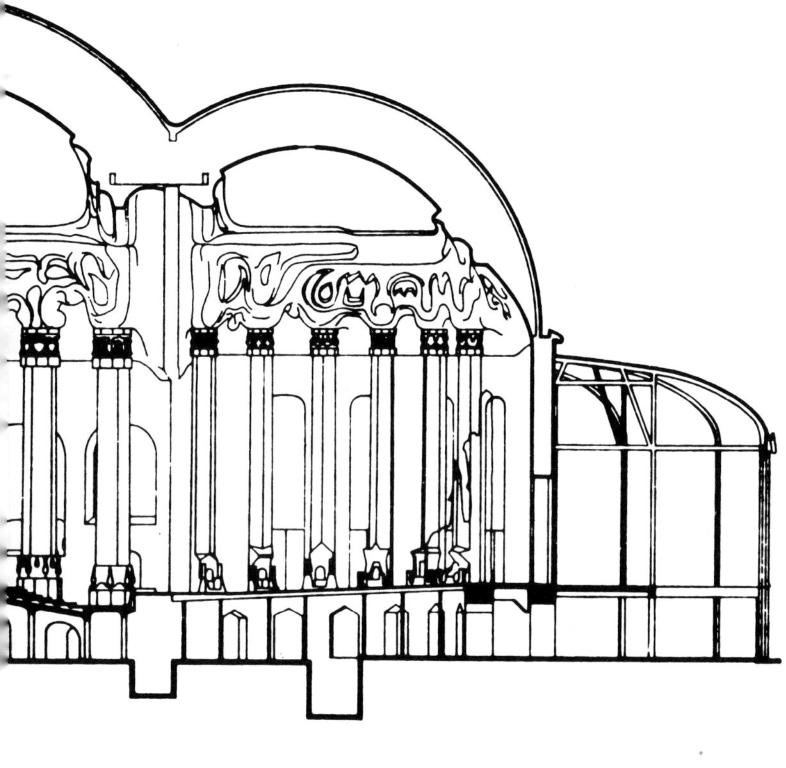

menden Strom des Wortes, im geisteswissenschaftlichen Vortrag oder in der künstlerisch gestalteten Sprache. Beide bildeten eine Einheit »wie Schale und Nuß«. Ein inneres Geschehen konnte nur stattfinden, weil die äußere Hülle es umschloß, und die Hülle erhielt ihre Gestalt im Zusammenhang mit diesem Geschehen. Nicht als Abbild, sondern als antwortende Form. Daß sie antworten konnte, beruhte auf dem gleichen Ursprung beider. Steiner hat den Bau auch »das Haus der Sprache« genannt[19].

Ähnlich war es im Bühnenraum (Abb. 2, 3, 5). Hier war in den zwei Jahren, in denen der Bau benutzt werden konnte, nur Eurythmie aufgeführt worden. Eine Neuinszenierung der Mysteriendramen hatte noch nicht stattgefunden. In dem schon genannten Rückblick gibt Steiner auch eine kurze Beschreibung der Eurythmie und geht dann auf den Zusammenklang dieser neuen Kunst und der Sprache mit den Bauformen ein:

»Die eurythmische Kunst schien im Goetheanum-Bau besonders zur Geltung zu kommen. Sie ist sichtbare Sprache oder sichtbares Singen. Der einzelne Mensch führt Bewegungen durch seine Glieder, besonders die ausdrucksvollsten Bewegungen der Arme und Hände aus, oder auch Gruppen von Menschen bewegen sich, oder bringen sich in Stellungen zueinander. Diese Bewegungen sind geberdenartig. Aber sie sind nicht Geberden in gewöhnlichem Sinne. Diese verhalten sich zu dem, was in der Eurythmie dargestellt wird, wie das kindliche Lallen zu der ausgebildeten Sprache.

Wenn der Mensch sich seelisch durch die Sprache oder den Gesang offenbart, dann ist er mit seinem ganzen Wesen dabei. Er ist gewissermaßen in der Anlage durch seinen ganzen Körper in Bewegung. Aber er bringt diese Anlage nicht zum Ausdruck. Er hält diese Bewegung in der Entstehung fest und konzentriert sie auf die Sprach- oder Tonorgane. Man kann nun durch sinnlich-übersinnliches Schauen – um diesen Goethe'schen Ausdruck zu gebrauchen – erkennen, welche Bewegungsanlage des ganzen körperlichen Menschen einem Ton, oder einem Sprachlaut, einer Harmonie, Melodie, einem gestalteten Sprachgebilde zugrunde liegt. Dadurch kann man Menschen oder Menschengruppen Bewegungen ausführen lassen, die genau ebenso auf sichtbare Art das Musikalische oder Sprachliche zur Darstellung bringen wie die Sprach- und Gesangsorgane auf hörbare. Der ganze Mensch, oder Menschengruppen werden zum Kehlkopf; die Bewegungen sprechen oder singen wie der Kehlkopf tönt oder lautet.

Wenn nun diese eurythmische Kunst auf der Bühne des Goetheanums auftrat, so sollte man das Gefühl haben, daß die ruhenden Formen der Innenarchitektur und der Plastik sich auf ganz naturgemäße Art zu den bewegten Menschen verhielten. Die erstern sollten die letztern gewissermaßen wohlgefällig in sich aufnehmen. Bau und eurythmische Bewegung sollten zu einem Ganzen verwachsen. Dieser Eindruck konnte noch erhöht werden, indem die Folge der eurythmischen Gestaltungen begleitet wurde von Lichtwirkungen, die im harmonischen Zusammenstrahlen und harmonischer Folge den Bühnenraum durchfluteten. Was da versucht wird, ist Licht-Eurythmie.

Und wenn die Bauformen der Bühne die eurythmischen Gestaltungen gleichsam als etwas zu ihnen Gehöriges aufnahmen, so diejenigen des Zuschauerraumes die parallel mit der Eurythmie auftretende Rezitation oder Deklamation, die von einem Sitze an der Seite der Bühne, da wo diese mit dem Zuschauerraum zusammenstößt, durch Marie Steiner erklangen. Vielleicht ist es nicht unzutreffend, zu sagen, der Zuhörer sollte in dem Bau selbst einen Genossen im Verstehen des gehörten Wortes oder Tones empfinden. Wenn man nicht mehr behaupten will, als daß eine solche Einheit von Bauform und Wort oder Musik erstrebt worden ist, so wird das Gesagte nicht allzu unbescheiden klingen. Denn keiner kann mehr überzeugt davon sein, daß dieses alles nur höchst unvollkommen erreicht worden ist, als ich selbst. Aber ich habe versucht, so zu gestalten, daß man fühlen konnte, wie die Bewegung des Wortes längs den Formen der Kapitäle und Architrave naturgemäß dahinlief.

Ich möchte damit nur andeuten, was man für einen solchen Bau versuchen kann: daß seine Formen das darin Dargestellte nicht bloß äußerlich umschließen, sondern es in lebendiger Einheit in sich im unmittelbaren Eindrucke enthalten.«[20]

So waren die Zeitkünste zu Mitschöpfern am Bau geworden. Dies kann hier nicht im einzelnen aufgezeigt werden. Und es wäre auch gar nicht im Sinne Steiners, in den Formen das nachweisen zu wollen, was darin gewirkt hat. Da wäre man schon wieder beim Abbild der Idee, beim Symbol. Man kann nur gedanklich zu den wirkenden Kräften hinführen und muß dann offen lassen, ob der Betrachter das, was er gedacht und erlebt hat, in der Form wiederfindet. Es wird sich also im Folgenden weniger um eine Beschreibung der Architektur als vielmehr um einzelne Aspekte der Gestaltung bzw. eines neuen Bau-Bewußtseins handeln. Auch hier ist Steiner vorangegangen: in Vorträgen während der Bauzeit, um die mittragenden und mitarbeitenden Mitglieder in diesen auch für sie neuen Baustil einzuführen, und dann nach dem Brand, um zu verdeutlichen, was das Goetheanum gewesen war.

Die gebaute Hülle

Grundphänomen aller Architektur ist, daß sie durch eine Raumhülle einen Innenraum aus dem allgemeinen Außenraum herausgrenzt. Zieht der Mensch bewußt in diese Hülle ein, so entsteht dadurch ein ähnliches Verhältnis zu ihr, wie es schon in der Tatsache besteht, daß er als seelisches und geistiges Wesen in einem stofflich-sinnlichen Leib »wohnt«. Das heißt, der Mensch lebt als Bewußtseinswesen so in der Architektur, wie er mit dem Selbstbewußtsein in seinem Leib lebt. Die leiblichen Vorgänge verschwinden zwar für das Bewußtsein oder klingen nur unterschwellig an, doch sie tragen eine Fülle von seelischen Erlebnissen, Vorstellungen, Willensimpulsen usw., die das Seelenleben ausmachen. Ebenso ist die Architektur tragender Grund eines Kulturlebens, das sich in der Begegnung von Selbst und Welt entfaltet. Wird sich der Mensch dieser seiner Lebensbezüge bewußt, so kann das nicht ohne Einfluß auf die Baukunst bleiben. Das Selbstbewußtwerden dessen, was sich in der Begegnung erlebt – der Welten, die sich in diesem Erleben verknüpfen – macht ja den Ursprung der Form aus. Je weniger ein Bewußtsein die nackte Existenz für das ganze Leben hält, je mehr das Seelenleben zum eigentlichen Leben wird, um so mehr muß sich die Bauform über das bloße, notwendigste Gerippe hinaus plastisch und malerisch ausgestalten. Ein solches Bewußtsein wird sich nach innen und nach außen verschieden auswirken. Im Innern des Bauwerks wird mehr zum Ausdruck kommen, wie die Seele sich im Zusammenhang mit der Welt empfindet, in der Außenarchitektur, wie sie sich als diese Persönlichkeit handelnd in die Welt eingliedert.

So wird verständlich, daß es beim Goetheanum darauf ankam, das ganze Seelenwesen anzusprechen. So wie die Bauformen die Sprache und Eurythmie aufnahmen, so sollten sie auch die Seele, das verinnerlichende Bewußtsein aufnehmen. Solange dieses Bewußtsein über sich und die Welt Betrachtungen anstellt, ist es ihm gemäß, in der Architektur einzelne gemalte oder plastische Bilder zu finden. Sobald es sich aber im Prozeß erlebt, wird es eine dynamische, lebendige, sich wandelnde Baukunst brauchen.

Der Ausdruck des Sprechens

Der Architrav in der alten Baukunst war Ausdruck ruhender Last, die spätere Bogenfolge Bild sich aufwölbender Kraft. Die Goetheanum-Architrave formten sich frei zwischen diesen beiden Möglichkeiten. Wie die ruhende Halbkugel der Kuppel über dem Strom der Architrave auf dem Fortschreiten der in der Größe anwachsenden Säulen lag, wie dieses Fortschreiten nicht mehr in einem Takt geschah, sondern durch die Architravformen moduliert wurde, das konnte zu einem sprechenden Erlebnis werden.

»Der baukünstlerische Gedanke war bisher der Gedanke des ruhenden leblosen Mechanischen, nun aber beginnt er der Gedanke des Sprechens zu werden, der Gedanke des innerlich Beweglichen...«[21] Was ist Sprechen? Die Äußerung eines seelisch Erlebten, das bewußt geworden ist.

»Das ist der Sinn dieser Reliefgliederungen, daß sie nicht bloß uns aufnehmen als tote dynamische oder mechanische Formen, sondern daß wir gleichsam in ein Vehikel, einen Wagen hineingehen, der uns weiterführt. Geistig ist es nicht wahr..., daß, wenn wir da drinnen sein werden in unserem Bau, wir da ruhen werden, sondern geistig werden wir weitergeführt im Ausdruck, im Sinn.«[22]

Das Metamorphosen-Prinzip

Zu diesen »Reliefgliederungen« gehören auch die Kapitelle (Abb. 6–19). Die der zweimal sieben Säulen des Zuschauerraums gehen zurück auf jene Formen, die schon 1907 in dem Münchener Saal auf Bretter gemalt waren. Von allen Formen des Goetheanums waren sie zuerst da und wurden auch von Steiner am häufigsten beschrieben. Es waren sieben verschiedene Reliefformen, jede wiederholte sich an den sieben Seiten eines Kapitells. Das Besondere an ihnen war, daß sie in einem Zusammenhang standen, als Erscheinungsstufen einer durch sie hindurchgehenden Formentwicklung entstanden.

Hier war zum Kunstprinzip geworden, was Goethe wissenschaftlich entdeckt hatte: die Gesetzmäßigkeit, nach der die organische Welt ihre Formen gestaltet. Sie gewinnt alle Formen durch Umwandlung von Grundelementen. Um eine bestimmte Form zu erhalten, muß das Grundelement eine bestimmte Folge von Verwandlungen durchlaufen, in denen es bestimmten Kräften unterworfen ist. Goethe hatte dieses Gesetz an der Metamorphose der Pflanzen entdeckt. Das Grundelement ist das Blatt, aus ihm bildet die Pflanze alles, was sie zu bilden hat. Ob sie nacheinander verschieden geformte Blätter hervorbringt, von den grünen Blättern zu Blütenblättern, Staubgefäßen übergeht und schließlich zur Fruchtbildung: Jedesmal erscheint ›das Blatt‹ verändert durch die Situation: die räumliche Anordnung in der Pflanzengestalt, die zeitliche Folge im Wachstumsprozeß, den Sinnzusammenhang in der bestimmten Pflanzenart und im Pflanzendasein überhaupt.

So sind die Kapitelle intervallische Erscheinungsformen: Etwas erscheint, verschwindet, löst sich auf, kommt im Zwischenraum, im unsichtbaren Zustand in andere Kräftezusammenhänge, bildet sich diesen entsprechend neu, erscheint wieder in der nun gewandelten Gestalt, verschwindet wieder usw. Dieser Prozeß hat, wenn er vollständig ist, sieben Stufen, keine mehr und keine weniger. Die Form beginnt einfach, wird komplizierter bis zur Mitte und vereinfacht sich wieder.

Was einmal wissenschaftlich entdeckt wurde als umfassendes Gesetz, fand Eingang in die Kunst. Und die Kapitelle waren die Formen, durch die das geschah. Auch dadurch haben sie eine Sonderstellung in der organischen Baukunst.

Dem gleichen Entwicklungsgesetz folgten die Sockel. Aber da ›Sockel‹ ein anderer Ort, eine andere Situation ist als ›Kapitell‹, gestalteten sie sich entsprechend anders. Das Kapitell ist das Haupt der Säule, des baukünstlerischen Ausdrucks für »Mensch«. An ihm wird sichtbar, wie der Mensch sein Verhältnis zur über ihm befindlichen Welt, der geistigen Welt erlebt, es ist Ausdruck eines Grenzbewußtseins nach oben. Der Sockel dagegen wird zum Bild des Grenzbewußtseins nach unten, gegenüber der festen Erde. So ist verständlich, daß die Sockelformen im Prinzip wie Umkehrungen der Kapitellformen erschienen in bezug auf konkav-konvex, oben-unten und daß ihre Metamorphose von einfacherer Art war, annähernd so wie die Verwandlung der grünen Blätter einer Pflanze untereinander einfacher ist als die Metamorphose von grünem Blatt zu Kelchblatt, Blütenblatt, Fruchtblatt, Staubblatt. – Die Kapitelle der kleinen Kuppel reihten sich ebenfalls als Metamorphosen aneinander. Die Sockel waren zu thronartigen Sitzen umgebildet (Abb. 3, 5).

Der Schein der Bewußtheit

»Es konnten nicht typenhafte Motive an den verschiedenen Orten wiederholt werden, sondern jedes Gebilde ward an seinem Platz ganz individuell gestaltet, so wie das kleinste Glied an einem Organismus individuell und doch so gestaltet ist, daß es mit Notwendigkeit an dem Orte, an dem es ist, in seiner Bildung erscheint.«[23] Diese Situationsbedingtheit ist eine notwendige Folge des Metamorphosen-Prinzips. Sie weitet es zugleich aus. Sie stellt jedes metamorphosisch in der Zeitfolge sich entwickelnde Element in einen Raumzusammenhang. Sie hat auf die Metamorphosen-Entwicklung einen ähnlichen Einfluß wie die Pflanzenart auf die Möglichkeiten der Blattbildung und -verwandlung.

Die Bauelemente waren aber nicht nur in einer durch Formzusammenhänge bestimmten Weise an einem Ort. Sie hatten dort auch eine Funktion. Über die Pfeiler der Treppen, die vom Sockel- zum Saalgeschoß führten (Abb. 30) sagte Steiner:

»An diesem Pfeiler sehen Sie, wie versucht ist, ihm diejenige Form zu geben, die er haben muß nach dem entgegengesetzten Ausgang zu, weil da wenig zu tragen ist, und diejenige Form, die er haben muß da, wo er sich aufstemmt, wo die ganze Schwere der Treppe liegt. Natürlich kann man soetwas bloß geometrisch bilden. Aber es sollte eben einmal hier der Versuch gemacht werden, das Ganze wie beseelt zu bilden, sodaß gewissermaßen der Schein der Bewußtheit des Tragens und Lastens hier drinnen liegt – jede Kurve, alles genau intuitiv abgemessen für die Stelle des Baues, an der sie sich befindet.«[24]

Die Form ›arbeitet‹, und sie weiß und empfindet sozusagen, was sie tut, und dies gibt ihr die Gestalt. Dabei kann sie sich so ausschließlich ihrer Aufgabe hingeben, daß sie nur noch durch sie bestimmt wird, auch ohne einen Metamorphosen-Zusammenhang möglich ist (hier im Sockelgeschoß war sie noch außerhalb des eigentlichen Baues).

Andere Bauelemente hatten an ihrem Ort eine bestimmte Bedeutung, besonders die Mittelmotive (Abb. 3, 5, 21, 22). In dem längssymmetrischen Bau waren alle Stellen, an denen die beiden Hälften sich begegneten – besonders über dem Haupteingang im Westen, im Bogen zwischen den beiden Kuppeln und im Hintergrund des Bühnenraums – besondere Orte. Aber es handelte sich nicht um eine Pointierung der Mittelachse. So wie wir unser Selbstbewußtsein zu einem wesentlichen Teil durch das Gleichgewicht in der Symmetrie, z.B. beim Gehen, durch das Miteinanderarbeiten der rechten und linken Hand, durch die Kreuzung der Sehachsen gewinnen, so wurde im Bau die Begegnung der beiden Hälften in der Mitte zum Ereignis. Die Mittelmotive streckten sich nach den Seiten, holten sie sozusagen zusammen und prägten dieses Mitte-Haben aus. Nicht nur Treffpunkte der Seiten, sondern so, als hätten sie ein Bewußtsein von allem Geschehen, das von den Seiten her auf sie zuströmt, als überblickten sie alles und bildeten sich daraus ihre Gestalt, so wurden sie zu besonderen Formgebilden, die wie Gebieter der Formgeschehnisse in der Höhe wachten. Untereinander hingen sie in Metamorphose zusammen. Vergegenwärtigt man sich die statische Beanspruchung eines solchen Bogens, so wird man auch davon etwas in der Formensprache wiederfinden, aber gesteigert. Diese Motive erschienen nicht als ›Arbeiter‹, um Lastverhältnisse seelisch anschaulich zu machen. Ihre Aufgabe war es vor allem, ihren Ort, die zusammenfassende Funktion an diesem Ort dem anschauenden Menschen zuzurufen.

Der lebendige Grund des Reliefs

Alle diese lebendigen Formentwicklungen brauchten etwas, was auch das Lebendige in der Natur braucht: einen Grund, aus dem sie hervorgehen konnten. Wäre das statische und raumabgrenzende Baugebilde nur als nackte Architektur gemeint, so wäre alle plastische Form Applikation. Sie kann nur glaubhaft sein, wenn sie aus dem konstruktiven Untergrund hervorwächst.

»Die Reliefskulpturen haben den Sinn, daß sie aus der Wand herauswachsen, daß die Wand der Grund und Boden ist, ohne den sie nicht dasein könnten ... Lauter Formen werden (im Bau) zu finden sein, ... die eine fortlaufende Entwicklung darstellen, wie wenn man mit eigenartigen kräftigen Takten hinten zwischen den Saturnsäulen [Abb. 4] beginnen würde und so symphonisch in Harmonie fortgehen würde, um mit einem Finale im Osten zu schließen [vgl. Abb. 2]. Aber Formen sind es, die ebensowenig in der äußeren physischen Welt vorhanden sind wie Melodien äußerlich vorhanden sind. Diese Formen sind lebendig gewordene Wände.» – »Ein Relief hat nur dann einen Sinn, wenn man hervorruft die Anschauung, daß die Wand selber lebe und die Figur hervorbringen könne.« – »Es gibt ein Relief, das nach dem richtigen Begriff gebaut ist, sodaß die ›Wände‹ das hervorbringen, was Reliefdarstellung ist. Diese Reliefdarstellung ist die Erde, die Erde mit ihrer Pflanzenwelt.«[25]

Nachdem das Metamorphosen-Prinzip durch die Kapitellreihe in die Baukunst eingetreten war, weitete es sich aus: Die ganze lebendige (pflanzliche) Natur wurde dem Gesetz nach in der Architektur anwesend. Es entstand eine ganze Skala von Möglichkeiten, organisch bedingte Formen hervorzubringen: von statisch notwendigen Formen, die hauptsächlich ›Arbeit‹ vergegenwärtigen, über Gebilde, die in bestimmter Art an ihrem Ort sind, zu Erscheinungen, die sich als selbständige Motive ausgestalten, und schließlich zu Darstellungen wie den Kapitellen, die ihren Sinn in sich haben. Es ist eine Skala von Möglichkeiten, die den Möglichkeiten in der Pflanzenbildung von der Wurzel bis zur Blüte entspricht.

Die transparente Wand und die Begegnung mit dem Licht

Das Goetheanum war nicht nur plastisch und organisch. Es war ja ganz für das seelische Erleben gebaut, und dieses erstreckte sich noch in eine andere Richtung. Die Wand, die lebendige Formen hervorbringen konnte, erschien nicht mehr dicht, abschließend. »Die Wände des Goetheanums mit ihren vorgebauten Säulenformen und den Gestaltungen, die von diesen Säulen getragen wurden, waren künstlerisch durchsichtig gedacht. Sie sollten nicht von der Welt abschließen, sondern den Blick mit ihren künstlerischen Bildungen so treffen, daß sich der Beschauer mit den Weiten des Weltalls verbunden fühlte.«[26]

Die Fenster waren aus dickem farbigem Glas (auf beiden Seiten in der Reihenfolge grün, blau, violett, rosa – von West nach Ost), in das Motive eingraviert waren, so daß die weggeschliffenen Teile mehr Licht durchließen als die in der ursprünglichen Dicke belassenen. Im westlichen Eingangsvorbau befand sich ein etwas breiteres rotes Fenster. Wie das Fenster in die Wand kommt, war hier das Problem. Nicht als Öffnung, die in der Wand gelassen wird – das wäre geometrisch gedacht, nicht organisch –, sondern dadurch, daß die Wand sich an dieser Stelle aufhebt, vernichtet. »Das Wie-wir-die-Wände-durchbrechen, das müssen uns die Darstellungen der Fenster zeigen, sie müssen uns Gestalten zeigen, denen wir begegnen, wenn wir den Weg suchen zu diesen geistigen Welten oder ihn unbewußt gehen, uns zeigen, wie wir uns verhalten müssen zu den geistigen Welten.«[27]

Wenn die lebendige Wand sich aufhebt, wird sie durchsichtig. Die Kräfte, die sonst plastisch gestaltend in den Raum hineinwachsen, führen an den transparenten Stellen hinaus. Plastisch geben sie Auskunft über das Geistige in den leibhaften Formen; die Wand wird künstlerisch transparent, bleibt aber physisch dicht. Im Fenster wird sie physisch transparent, aber es wäre unkünstlerisch (d.h. es spräche nichts aus), wenn nur einfach Licht hereinkäme. Wenn der Blick durch das Licht hinausgeführt wird, dann verlagert sich das künstlerische Motiv: Es muß die Welt bildhaft zeigen, die im geistigen Hinausgehen angetroffen wird. Es muß sozusagen die bloße Lichthelligkeit transparent werden lassen für die Geistigkeit, die sich in ihr verbirgt. Sie zeichnet sich ein wie in Lichtspuren in den farbigen Grund. Hülle-Bilden und Enthüllen, diese Urpolarität im Gestalten und Erkennen, die aller menschlichen Existenz zugrunde liegt und die, wenn man an das Leib-Bilden und Leib-Auflösen denkt, über die Grenzen von Geburt und Tod hinausführt, wird hier künstlerisch zum Verhältnis von Wand und Fenster.

Bilderwelt aus Farbenfluten

Ein anderer Ort, an dem der Raum unplastisch und dafür seelisch transparent wurde, waren die bemalten Kuppeln. Nur über der Architravzone war der Ort der Malerei, die die räumlich ruhenden Kuppeln mit rein seelischem Leben erfüllte. Hier entstand die Bildhaftigkeit anders als in den Fenstern.

»In der Hingabe an das Farbenwesen erkraftet sich das seelische Schaffen zu Figuralem, das die erlebten Farben fordern. Man fühlt sich da im Malen für die Augenblicke des Schaffens so, als ob es in der Welt überhaupt nichts gebe als webend-lebende Farben, die aber schöpferisch sind und aus sich Wesenhaftes erzeugen.«[28] In einer ganz seelischen, über allem Leiblichen schwebenden Sphäre spielt sich das ab, in einem Vorgang, der nicht dem Sehen im Licht, vielmehr einem Schauen in der Erinnerung ähnelt. Der Raum erforderte eine bestimmte Farbengliederung, und aus den Farben, die so ihren Platz in den Kuppeln fanden, gingen die Gestalten hervor (Abb. 21).

»Der Bau wird Mensch«

Im östlichen Zielpunkt des ganzen Raumgefüges sollte die große Skulptur, die plastische Gruppe stehen. Da sie sich zur Zeit des Brandes noch unvollendet im Atelier befand, blieb sie vom Feuer verschont. Heute ist sie im zweiten Goetheanum aufgestellt (Abb. 20, 88–92).

In dieser Skulptur erscheinen in einem Aufbau aus freien plastischen Formen Gestalten. Es war die einzige Stelle im Bau, an der das Plastische figural wurde. Was überall im Bau in der künstlerischen Gestaltung wirkte, in Verdichtung, Auflösung, im Bilden der Mitte – Kräfte, die auch im Leben tätig sind und sich im Bewußtsein manifestieren, z.B. im Verflüchtigen in die Idee und im Verhaftetsein im Stoff, was die Zweiheit im Menschen ausmacht und in der Mitte durch die Einheit des Erlebens überwunden werden muß –, das wird hier anschaulich als eine Art von geistigem Porträt der Mächte, die im Hintergrund der Welt wirken. »Zwischen den Säulen sollte dereinst eine plastische Gruppe stehen, in deren Mittelpunkt eine Gestalt sich befindet, in der man Christus erkennen kann. Es sollte das Wahrzeichen dafür sein, daß echte Geisteserkenntnis zu Christus führt.«[29]

Eigenartig war nun, daß die Gruppe dieser Mächte in anderer, aber doch verwandter Gestalt in der Mitte der kleinen Kuppel, also genau über der plastischen Gruppe, noch einmal farbig erschien. Welchen Sinn hat diese Doppelheit? Alles Plastische ist leibhaft und spricht in uns an, was unseren Leib plastiziert (und nur wenn sich dieses ansprechen läßt, können wir plastisch erleben). Alles Malerische ist seelenhaft – weder plastisch noch gedanklich – und ruft die Empfindungstiefen der Seele wach. Auch zu den anderen Künsten gehört jeweils etwas im Innern Verborgenes, das durch sie angerührt wird.

Jeweils eine Wesensschicht im Innern schließt sich mit einem Kunstbereich zusammen und ist das Wahrnehmungsorgan für ihn. Sie prägt aber auch ihre Gesetze dem entsprechenden Sinnesschein ein. Das ist überhaupt der Ursprung einer Kunst: Die künstlerische Sinneserscheinung empfängt ihre Gesetze aus dem verborgenen Innern und macht sie offenbar, und sie wird wieder von diesem Innern in Empfang genommen. Dieser innere Mensch begegnet bewußtwerdend sich selbst über die Brücke des Kunstwerks, in den verschiedenen Künsten jeweils verschieden, als anderer: So konnte es notwendig erscheinen, das alles zusammenfassende Motiv dem plastischen Menschen plastisch und dem ›Farbenmenschen‹ farbig, aber jeweils in anderem Zusammenhang stehend und aus dem Medium herausgestaltet vor Augen zu führen.

So müssen alle Künste zusammenwirken, damit der Mensch sich in seinem ganzen Wesen offenbaren kann. So war das Goetheanum entstanden. Jede Form offenbarte auf ihr gesetzmäßig zukommende Weise, wie das Seelisch-Innere mit der Welt zusammenhängt.

Das Goetheanum war künstlerisch entstanden: im Architektonisch-Räumlichen, Plastischen, Malerischen, aber auch durch die Beiträge von Eurythmie und Sprache. Jede Lösung war durchsichtiges Gesetz; was das Innere suchte, erschien durch die Welt begründet. Was auf der einen Seite die Tiefen des eigenen Wesens ansprach und ausschöpfte, wurde auf der anderen transparent, »sodaß sich der Beschauer mit den Weiten des Weltalls verbunden fühlte«, des Weltalls, aus dem die plastischen Kräfte herkamen und in das die malerischen, vor allem die Gestaltungen der Fenster hinauswiesen.

»Wer durch das Hauptportal eintrat, zu dem sollte das Ganze auf künstlerische Art sprechen: ›Erkenne die wahre Menschenwesenheit‹.«[30] Der Selbsterkenntnis erscheint diese dann als ein Zusammenstrom von Wesensbereichen aus allen Weltgebieten, eingefügt in die Menschengestalt, aber eigentlich erst soweit Mensch, wie dieser Strom vom selbstbewußten Erleben durchleuchtet wird. »Der Bau wird Mensch«, so hat Steiner das Motto formuliert, das über aller neuen künstlerisch sich entwickelnden Baukunst stehen müsse.

Sieht man Rudolf Steiners Wirksamkeit an diesem Bauwerk, dann erscheint er als überragender Künstler. Aber es ist nicht im üblichen Sinne sein Werk. Etwas erschien als Bau, das in der geistigen

Wirklichkeit begründet war, aber nur durch sein Schaffen in Erscheinung treten konnte. Als Schaffender hatte er zu den Erscheinungen, die aus diesem Prozeß hervorgingen, und ihrem Wesensinhalt dasselbe Verhältnis, wie es der Denkende zu den Ideen hat, die durch sein Denken erscheinen – wie es der junge Erkenntnistheoretiker Steiner erlebt und formuliert hatte. So konnte er in den Formen des Baues noch etwas anderes als Menschenwerk sehen: Kehlköpfe der Götter: »Belauschen wir die ätherischen Formen der Pflanzen und bilden wir sie nach in unseren Formen an den Wänden, dann schaffen wir, wie die Natur im Menschen den Kehlkopf zum Sprechen geschaffen hat, so schaffen wir Kehlköpfe, durch die die Götter zu uns sprechen können. Belauschen wir unsere Formen an den Wänden, die da sind die Kehlköpfe für die Götter, und wir suchen den Weg zurück ins Paradies.«[31]

Die Vollendung des Goetheanums war nicht das letzte Ziel. Es hatte eine Aufgabe: Verwandlung des Menschen zu bewirken. Dadurch daß es künstlerische Erscheinung der Anthroposophie war, konnte es Eindrücke vermitteln in einer Weise, die der ideellen Darstellung versagt bleiben mußte, und konnte Menschen erreichen, denen das Denken in Ideen nicht liegt. Und es sollte die Initialzündung für eine Baukunst sein, deren Gestaltung in einer bisher so noch nicht gedachten Konkretheit wirken sollte:

»Wenn einmal zur Ausbildung kommt innerhalb der Menschheitskultur dasjenige, was intendiert wird mit diesem Bau, als was er wie von selber um uns herauswächst, indem wir die uns gestellte Aufgabe der Geister erfüllen, ... dann werden die Menschen, die durch die Pforte solcher Kunstwerke treten, die sich beeindrucken lassen von demjenigen, was spricht in diesen Kunstwerken, wenn sie gelernt haben, die Sprache dieser Kunstwerke zu verstehen, niemals mit ihrem Herzen – nicht einmal mit dem Verstande – ihren Mitmenschen Unrecht tun, denn sie werden von den künstlerischen Formen Liebe lernen; sie werden lernen, in Harmonie und Frieden mit ihren Mitmenschen zusammenzuleben. Friede und Harmonie wird sich ausgießen in die Herzen durch diese Formen. Gesetzgeber werden solche Bauten sein. Und dasjenige, was nicht können äußerliche Veranstaltungen, das werden erreichen die Formen dieser unserer Gebäude.«[32]

Der Außenbau und die Nebenbauten

Die äußere Erscheinung des Goetheanums (Abb. 22–29) war zunächst die konsequente Folge der inneren. Man sollte von außen ablesen, was darinnen lebte, was einen innen erwartete. Dabei war das Äußere herber, zurückhaltender, was besonders bei den Motiven über den Fenstern auffällt. Wie man einem bedeutenden Menschen begegnen und dabei viel von seinem Wesen, seiner Aufgabe erfahren kann und es doch noch etwas anderes ist, sich mit ihm zu befreunden, gleichsam in seine Seele einzutreten, so etwa konnte der Außenbau im Verhältnis zur Innengestalt erlebt werden.

Aber während im Innern die Entwicklungsrichtung vom Westeingang zur Bühne im Osten – vom äußeren Westen zum geistigen Osten – verlief, kehrte sie sich beim Außenbau – bedingt durch die Schwerpunktverschiebung nach Westen und den Eingangsvorbau – um. Nur dadurch blieb der Bau in Ruhe.

Die unmittelbar zum Goetheanum gehörenden und gleichzeitig errichteten Bauten – Glashaus, Heizhaus und Haus Duldeck – waren nun in eine städtebauliche Beziehung zum Hauptbau zu bringen, die nicht nur geometrisch oder landschaftlich-romantisch sein durfte (vgl. Fig. 4). Gewiß spielen die Winkel zum Hauptbau und die Einbettung in die Landschaft eine Rolle. Aber die Hauptsache war eine Beziehung, die einer zwischenmenschlichen gleicht. So wie ein Mensch das Bild eines anderen, den er gut kennt, in sich trägt, aber nur soweit begreift, wie sein eigener Geist reicht, so hatten die Nebenbauten das Bild des Goetheanums in sich. Aber sie konnten es, da sie ja einseitigere Aufgaben zu erfüllen hatten, nicht verwirklichen. Es veränderte sich in eine andere Gestalt, d.h. diese entstand durch Metamorphose des Hauptbaus. In bezug auf das Heizhaus hat Steiner diesen Prozeß selbst geschildert, für die anderen Bauten hat ihn Erich Zimmer herausgearbeitet[33].

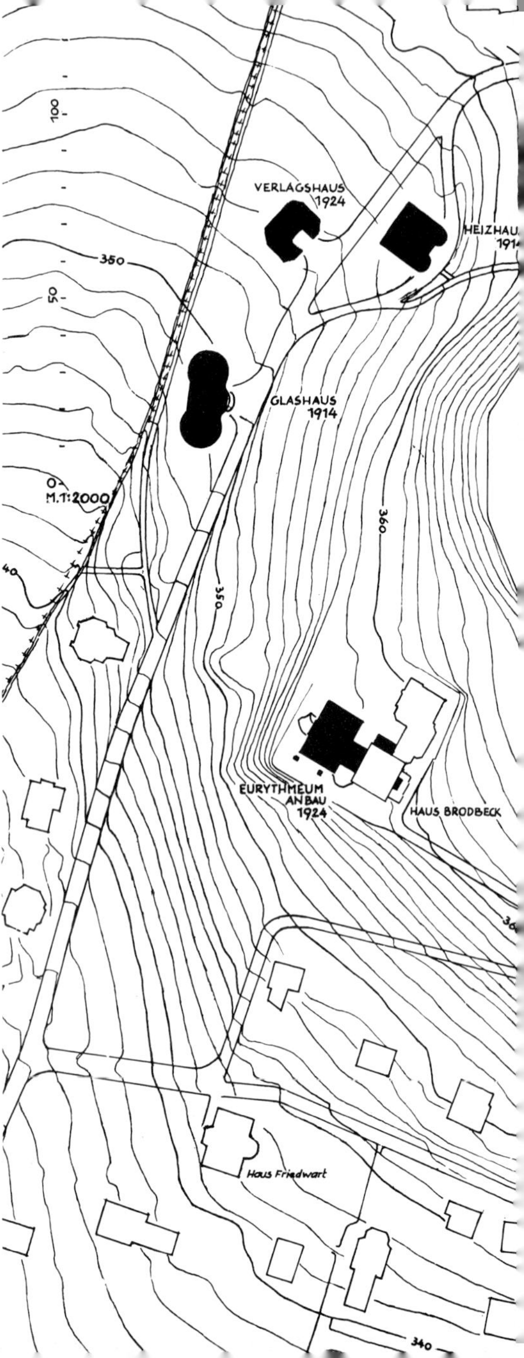

Fig. 4
Lageplan des Geländes um das Goetheanum, etwa 1970. In der Mitte der zweite Bau: Draufsicht auf das Terrassengeschoß und Schnitt durch das Saalgeschoß. Darin sind die Umrisse des ersten, Silvester 1922/23 niedergebrannten Bauwerks eingezeichnet: von Terrassengeschoß bzw. Bühnennebenräumen horizontal schraffiert, von Kuppel- und Flügelbauten kreuzschraffiert. Die anderen von Rudolf Steiner entworfenen Bauten sind schwarz eingetragen. Die Höhenlinien verlaufen in Abständen von 1 m. Oben ist Osten.

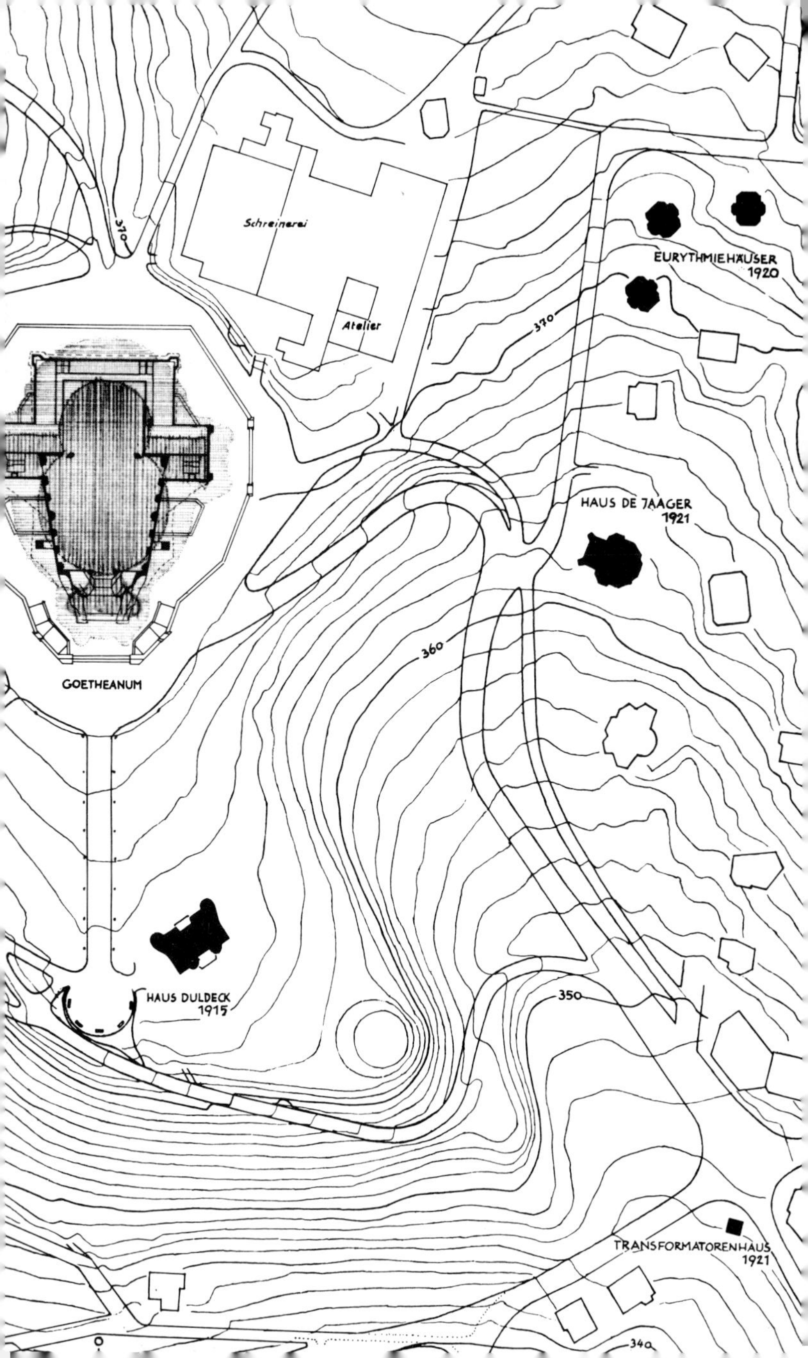

370
Schreinerei
Atelier
EURYTHMIEHÄUSER
1920
370
GOETHEANUM
HAUS DE JAAGER
1921
360
HAUS DULDECK
1915
350
TRANSFORMATORENHAUS
1921
340

Die Durchdringung der Kuppeln konnte nur der Hauptbau haben; für die Nebenbauten, die keine Entwicklungsdynamik in sich hatten, mußten die Kuppeln sich trennen. Dabei mußten sie gleich groß werden.

Das hatte zur Folge, daß die zwischen den Kuppeln verlaufende Querachse des Hauptbaus zur Symmetrieachse der Nebenbauten wurde. Die Seitenflügel, die beim Goetheanum nebengeordnet waren, wurden bei den zweckbedingten Gebäuden zur Hauptsache, sie gerieten in Bewegung.

So resultiert der Mittelbau des *Glashauses* (Abb. 31–33) aus den zusammengeschobenen Seitenflügeln des Goetheanums. Dabei ist das Glashaus dem Hauptbau am ähnlichsten: ebenfalls aus Holz errichtet und mit dessen Fensterformen. Seine Eigenart spricht sich jedoch in der Tür aus, deren Formgebärde der Gestalt Luzifers ähnelt: aufgeplustert und mit einem Einschlag in der Mitte (vgl. Abb. 20). Luzifer, ›Lichtträger‹ ist der Name der Geistigkeit, die auflöst, zum Träumen und Wünschen verführt, zum Sich-Abheben von der Wirklichkeit. Wo Glas geschliffen wurde, war er sozusagen zuständig. Als Ausgleich – um beim Eintritt dennoch wach zu sein – konstruierte Steiner ein besonders eckiges Kastenschloß, das nur in einer ungewohnten Weise zu betätigen war.

Ganz aus Beton besteht das *Heizhaus* (Abb. 34–41), bei dessen Metamorphose die Kuppeln zu Rudimenten zusammenschrumpften. Der Verwandlungsvorgang ist so zu denken, daß ein Seitenflügel des Hauptbaus sich zwischen die Kuppeln zurückzog, fast verschwand, während der andere sich ausdehnte, aufreckte und so den Schornstein bildete. Die Formgebärde entspricht der Ahrimans: etwas abgemagert und mit hörnerartigen Zipfeln (vgl. Abb. 20). Ahriman ist die Benennung der Geistigkeit, die verfestigt (auch im Gedanken), im Stoff bindet, Herr des Toten und der bloßen Intellektualität. Das Gebäude der Technik war sein Bereich. Formen, die am Goetheanum plastisch waren, degenerierten unter seinem Einfluß zu flachen Umrahmungen. Der Schornstein, das wohl umstrittenste Baugebilde Steiners, ist keine einfache Röhre. Nach einer anfänglichen Verschleifung reckt er sich zwar zielstrebig in die Höhe, aber er tut es rhythmisch, ebenfalls mit hörnerartigen Gebilden.

Für manchen ist dieses Heizhaus schockierend. Steiner kam es darauf an, diesen technischen Inhalt, der mit der menschlichen Lebensebene nichts mehr zu tun hat, aus dem Hauptbau herauszunehmen, dann aber nicht hinter einer hübschen Karosserie zu verstecken, sondern in der Form sich aussprechen zu lassen. »Neben dem, daß wir einen Bau haben für unsere Sache, ist es ja wichtig, daß einmal ein Anfang gemacht wird mit der Beziehung der modernen Kultur zum Künstlerischen, mit der Beziehung der Geisteswissenschaft zur modernen Kultur. Ein leiser Anfang ist mit diesem Heizhaus gemacht, der der Anfang sein soll dazu, daß man einmal auch andere Probleme löst.«[34] Es ging um die Wahrheit auch in der Anschauung. Wie eine Distel nicht dem Blumenfreund zuliebe zur Rose wird, so kann es in einer organischen Baukunst keine ästhetische Vernebelung, keine selbstbezogene Wohlgefälligkeit der Form geben. Die einzige Möglichkeit, in der technischen Kräftewelt die menschliche Freiheit zu bewahren ist, ihre Geistigkeit zu erkennen. Die Aufgabe des Gestalters ist dann, sie sinnlich erkennbar zu machen.

Indem in Glashaus und Heizhaus die ihnen innewohnende Geistigkeit durch die Metamorphose zur Sprache gebracht wird, stellt sich ein Verhältnis zwischen dem Goetheanum und diesen beiden Funktionsbauten dar, wie es ähnlich in der plastischen Gruppe anschaulich wird.

Während jene beiden Bauten seitlich unterhalb des Goetheanums liegen, fand *Haus Duldeck* (Abb. 42–55) seinen Platz vor ihm auf fast gleicher Höhe. Seine Form ist aus einer komplizierteren Metamorphose hervorgegangen, die hier nicht geschildert werden kann. Es besteht im wesentlichen aus Beton (in die Wände sind Hohlziegel eingelegt). Bei ihm fällt vor allem die bewegt-plastische Gestaltung auf. Das Dach verbindet die beiden durch den großen Bogen auseinandergerückten Hausteile in einer Gebärde, die an die ›Mittelmotive‹ erinnert, aber es bleibt freiplastische, elementare Form. Um so mehr kann es sich der Umwelt zuwenden. Außenformen bieten sich der Welt dar, sie gehen Beziehungen ein zu Himmel, Wolken, Regen, Wind, zu Licht, Schatten und Trübe.

Die Eingänge (Abb. 53–55) sind auch hier dadurch entstanden zu denken, daß die lebendige Wand sich aufhob, um die Türöffnung zu bilden. Welche Beziehung erhält durch sie der Fußboden des Hauses mit dem Erdboden draußen? Dabei bezieht sich diese Funktion unmittelbar auf den Menschen, der vom einen zum anderen Boden ›durch die Wand‹ geht. Wie empfängt und entläßt die Tür den Menschen? Wie stellt sich überhaupt das Wesen eines ›Eingangs in ein Inneres‹ dar? Aus solchen unmittelbar funktionsbezogenen Fragen mögen die Formen entstanden sein.

Dabei handelt es sich durchweg um Formen, die ›wissen, wie sie an ihrem Ort zu sein haben‹, aber mehr im Elementaren bleiben, d.h. auf einer niedrigeren Bewußtseinsstufe als z.B. die Mittelmotive, die nicht den Rang jener Gebilde erreichen. Das entspricht der bescheideneren Aufgabenstellung. Doch auch hier bestehen Rangunterschiede. Offenbar wurden die Türen (durch die der ganze Mensch hindurchgeht) als wesentlicher empfunden als die Fenster (durch die er nur blickt), die keine nennenswerte Gestaltung erfahren haben.

Das zweite Goetheanum – ein würdiges Denkmal

Es war das Schicksal des zweiten Goetheanums, daß es nur in der Außenform des Baukörpers von Steiner bestimmt wurde. Es konnte erst nach seinem Tode gebaut und 1927 weitgehend im Rohbauzustand eröffnet und dann in großen Zeitabständen (bis heute) ausgebaut werden (Abb. 59–81). Es war größer geplant als der erste Bau, denn man brauchte mehr Platz: Tagungs-, Arbeitsräume, Ateliers, Räume für die Verwaltung. Es erhielt eine technische Bühne; sie war lange Zeit die größte Europas. Die plastische Gruppe, die für das erste Goetheanum geschaffen worden war, erhielt einen besonderen Raum im Ostteil.

In welcher Beziehung steht das zweite Goetheanum zum ersten? Steiner benutzte die Formulierung: Es solle ein würdiges Denkmal sein – und so groß, daß es seinen Vorgänger allseitig umschließen könne.

Der erste Bau war nicht zu wiederholen. Und seine Geistigkeit war eine andere Beziehung eingegangen. Ein Jahr nach dem Brand, Weihnachten 1923, hatte Rudolf Steiner die Anthroposophische Gesellschaft neu gegründet. Er hatte dabei an die Wesenhaftigkeit angeknüpft, deren sinnliche Erscheinung das Goetheanum gewesen war. Wie die Bauformen auseinander hervorgegangen und sich aneinander orientiert hatten, wie sie als ›statisch Arbeitende‹ bis zu ›das Ganze Bewußtmachenden‹ in Freiheit und Harmonie vereint gewesen waren, das könnte man auch eine Sozialordnung der Formen nennen. So konnte diese Geistigkeit, wieder aus den irdischen Beziehungen befreit, Vorbild und wirkende Kraft für ein neues soziales Gefüge werden.

Was heißt würdiges Denkmal? Ein Bau, der dazu dient, an den zerstörten zu denken, sich seiner zu erinnern. Wer er-innert, d.h. im Innern zum Leben bringt, an etwas denkt, was nicht mehr zu sehen ist, wendet sich nach innen, blickt also von außen. Demnach ist das zweite Goetheanum ein Bau, in dessen Innerem die Geistigkeit des ersten leben soll, in dem etwas geschehen soll, an dem sie Anteil haben kann. Nicht um eine Wiederholung der Form, sondern um die innere Vergegenwärtigung des Wesens in neuer Aufgabe ging es. Dafür sollte der zweite Bau eine neue Hülle sein.

Er entstand in einer Art von Umkehrung zum ersten. Während dieser (auch in seiner Entstehungsgeschichte) aus seinem geistigen Inneren hervorgewachsen war, begann der neue Bau mit der Außengestalt, und das Schicksal fügte es, daß den Schülern Steiners der Auftrag zufiel, sie innerlich zu erfüllen und auszugestalten. Beim ersten Bau war die Dynamik der Formentwicklung eine innere im Strom von West nach Ost, den geistigen Osten suchend. Die äußere Gegenbewegung blieb nur angedeutet. Beim zweiten herrscht innen auch die West-Ost-Richtung: Man betritt den Saal im Westen, und er öffnet sich in einem trapezförmigen Grundriß zur Bühne hin (Fig. 5). Aber das blieb Grundriß-Anlage. Die eigentliche Formentwicklung geschieht außen von Ost nach West, die Ausgestaltung in der Welt suchend (Abb. 60).

Das Grundmotiv dieser Formentwicklung ist, den Kubus – Urbild des Irdisch-Statischen – in lebendige Bewegung zu bringen, ihm die Lebendigkeit abzuringen. Der eckige Block im Osten – ursprünglich noch eckiger geplant als dann nach Einspruch der Baubehörde ausgeführt – äußert sich kaum, er verweist den von außen Blickenden darauf, daß er etwas enthält, in sich birgt. Aus diesem entsteht die Kraft, die die Form verwandelt, auch hier als Metamorphose. Besonders die Wölbung, mit der die Saalwand in das hinausschwingende Dach übergeht, und die plastisch sich vorwölbenden Partien der Westfront korrespondieren mit dem Licht, fangen die Stimmung jeder Tageszeit ein, charakterisieren sie durch ihren Ausdruck. Man kann den Eindruck haben: Was beim ersten Bau vollendete Erscheinung war, wenn man in die Kuppeln hinaufschaute, erscheint nun als Andeutung nach außen gewendet; dort mit Bildern bemalt, die – erinnerungsartig – aus dem Innern

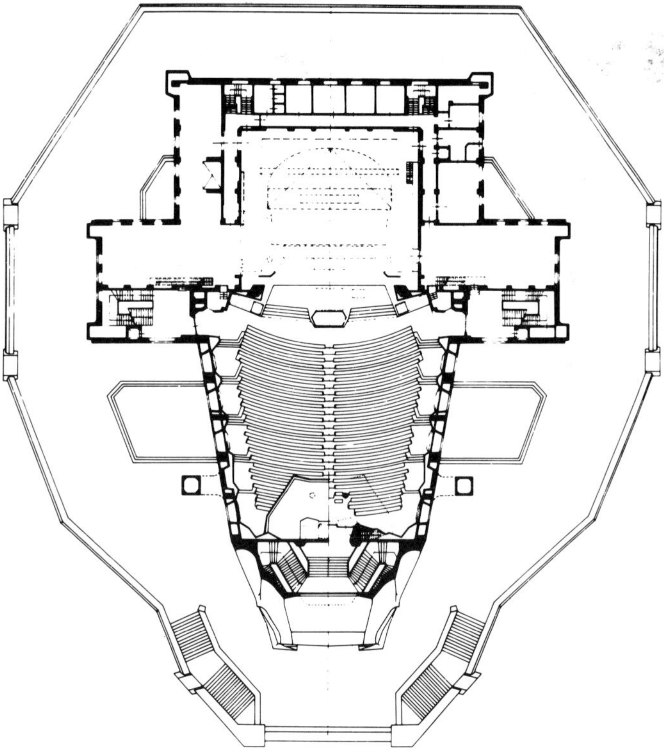

Fig. 5 Grundriß des zweiten Goetheanums

aufgestiegen waren, jetzt eine Formsituation, in die das Tageslicht seine wechselnden Stimmungen von außen ›hineinmalt‹.

Die Formensprache hat sich verändert. Die Formen sind eckiger, gestraffter. Auch die Betonbauten, die mit dem ersten Bau gemeinsam errichtet wurden, haben weichere Formen, als würden sie sich dem Materialstil des Holzes anpassen; die Formen sehen oft aus wie aufgetragen. Erst beim zweiten Bau entsteht die Form ganz der Schalung gemäß, und der Beton – am Ort hergestellt – wird in all seinen Möglichkeiten ausgeschöpft.

Die entschiedene Formverwandlung begründet auch ein ›Stil-Maß‹ für zwei weitere Bauten. Ein Wohnhaus hinter dem östlichen Kubus erhielt ganz einfache strenge Formen. Das Eurythmie-Gebäude im Westen vor dem Haupteingang – neben Haus Duldeck – wurde in bewegten, etwa der Westfront entsprechenden Formen gestaltet; es war zugleich eine Art Vorübung für den großen Neubau.

Die tatsächliche Gestaltung von dessen Außenform durch die Betonschalung, die Aufteilung der Fenster, die Ausgestaltung aller Räume war das Werk von Architekten, Bildhauern und Malern, die entweder unmittelbare Mitarbeiter Steiners waren oder später an dem Fortwirken seines Bau- und Kunst-Impulses arbeiteten.

Rudolf Steiner und seine Mitarbeiter

Selbstverständlich konnten die großen Bauwerke nur von Baufirmen ausgeführt werden. Aber eigentlich doch nur die Rohformen. Bei der genauen Herstellung der schwierigen Betonschalungen, besonders aber bei der Ausgestaltung des ersten Goetheanums wurden Menschen gebraucht, die mit der Anthroposophie verbunden waren und sie studierten – nur sie konnten die Form aus dieser Geistigkeit schöpfen – und die die Arbeit am Bau aus freiem Willen taten. Auf diese Menschen und ihr Können war Rudolf Steiner angewiesen. Sie mußten aber die Gestaltungsweise, auf die es ankam, auch erst erlernen, und das fiel oft denen, die schon Künstler waren, schwerer als den anderen. Aber auch sie wurden – außer mit rein handwerklichen Arbeiten wie der Herstellung von Schindeln oder dem Zubereiten von Malgründen – an den künstlerischen Aufgaben, vor allem dem Schnitzen, beteiligt. Steiner führte selbst alle diese Mitarbeiter in ihre Aufgaben ein, zeigte ihnen die Technik und korrigierte. Die Arbeit war zu einem Teil eine Art Werkstudium. Dabei mußte er, um die persönliche Freiheit nicht zu beeinträchtigen, mit den Menschen ganz verschieden umgehen: Dem einen konnte er eine Arbeit zuweisen, einen anderen mußte er sich seine Aufgabe selbst suchen lassen, einem dritten durfte er sie nur nahelegen und mußte es auch akzeptieren, wenn dieser sich nicht dazu entschließen konnte. Zu dieser ›Bauleitung‹ gehörte neben unendlichem Vertrauen in den guten Willen der Mitarbeiter auch unendliche Geduld. Jeder von ihnen war nach besten Kräften bemüht, und für jeden war die Arbeit ein Stück Umwandlung seiner selbst. Sogar Künstler, die sich einen Namen zu machen begonnen hatten, gaben alles auf und begannen von vorn. Dies alles hatte für die Bau-Gemeinschaft ständig Probleme zur Folge, aber gerade durch diese Arbeit an sich selbst um der Sache willen war es möglich, daß Angehörige von 17 Nationen, die sich im Ersten Weltkrieg bekämpften, in Dornach zusammenarbeiten konnten. Das Goetheanum hat schon bei seiner Entstehung seine Frieden stiftende Kraft bewiesen.

Auch die Arbeiter der Baufirmen wurden von Steiner bedacht. Auch sie sollten wissen, wofür sie ein solches Bauwerk errichteten. Neben seinen vielen Verpflichtungen – Vorträgen, Kursen, Forschungen – hielt er extra Vorträge für sie, in denen er auf von ihnen gestellte Fragen geisteswissenschaftlich einging.

Rudolf Steiners Bau-Impuls und die Gegenwart

Rudolf Steiners zentrales Architekturwerk war das erste Goetheanum. Mit ihm war die Durchdringung von Kunst und Erkenntnis künstlerische Wirklichkeit geworden, es war »Anthroposophie als Kunst«. Die ersten ›Bau-Keime‹ waren die sich durchdringenden Zylinder-Kuppelräume und die Metamorphosenfolge der Kapitelle. Aus diesen Keimen entwickelte sich folgerichtig die ganze Gestalt, und zwar geistig-künstlerisch. Die Gesetze, nach denen das geschah, hat Rudolf Steiner selbst erst nachträglich abgelesen. Nicht von der fertigen Gestalt, er brauchte sie nicht durch vergleichende Analyse zu erschließen. Er erfaßte ideell die wirkenden Kräfte in dem Moment, in dem sie sich wieder zurückzogen. In dieser Sphäre erscheinen die wirkenden Kräfte als durchsichtige Zusammenhänge von Bedingungen und Folgen, die dann zu Gestaltungsprinzipien und Gesetzen werden. Wenn Rudolf Steiner vom Bau-Gedanken sprach, meinte er das im Bau wirkende Wesen auf der Ebene der ideellen Gesetzmäßigkeit.

Nur an diese Gesetze kann man heute anknüpfen. Aber man kann sie nicht äußerlich befolgen. Man muß, indem man sie sich klarzumachen versucht, wieder auf die Ebene des ideellen Zusammenhangs kommen, von der aus sie formuliert wurden. Dann erst erhält man Zugang zu einem Bereich, wo sich Erscheinungen funktionell wahrhaftig und gesetzmäßig auseinander entwickeln können. Das heißt auch: Die an Steiner anknüpfende Baukunst hat als Ausgangspunkt das »würdige Denkmal«, das Verinnerlichen anhand der hinterlassenen Form, die Aufgabe, die Idee wieder zum Leben zu erwecken. Dadurch kann der Bau-Gedanke zum Bau-Impuls werden. Dies entspricht der Bau-Gebärde des zweiten Goetheanums.

In dieser Hinsicht entsteht eine für heutige Begriffe sehr ungewöhnliche Beziehung zu Rudolf Steiner und seinem Werk. Seine Persönlichkeit und seine Architektur sind zwar Vergangenheit, aber sie lassen sich in der Art, wie das historische Bewußtsein sich reflektierend verhält, nicht erfassen. Sie erschließen sich erst auf der Ebene des ideellen Zusammenhangs, auf der jeder nach Erkenntnis Strebende die Wahrheit der Sache und sein Verhältnis zu ihr sucht: der Ebene der eigenen geistigen Zukunft. Was in der Vergangenheit einmal war, kommt einem, indem man sich mit dessen hinterlassener Form beschäftigt und mit ihren Gesetzen ins Lebendige vorstößt, wesenerfüllt lebendig aus der Zukunft wieder entgegen. Es wird zum Inhalt der eigenen Ideen, verbindet sich mit den eigenen Idealen, verschmilzt mit den eigenen Aufgaben, der Aufgabenseite des eigenen Wesens – und das doch in völliger Freiheit. Nur wer sich auf diesen Weg macht, kann erleben, was auf diesem Weg wirkt. Das Gegenüberstellen und -stehenbleiben reicht nur zur Information. Dadurch daß alles durch das eigene Erkennen hindurchgehen, im eigenen Erleben neu gefaßt werden muß, ist Anthroposophie keine dogmatische Weltanschauung (ebensowenig wie die Naturwissenschaft) und Steiners Baukunst keine Weltanschauungsarchitektur – zumindest nicht mehr als jede andere auch. Denn schließlich liegt jeder Architektur ein Welt- und Menschenbild zugrunde, selbst dann, wenn der Architekt sich dessen nicht bewußt ist. In diesem Fall besteht nur die Gefahr, daß er Menschen nötigt, sich mit einem ungeordneten und unverantworteten Weltbild zu identifizieren.

Oft wird Steiners Architektur dem Jugendstil oder auch dem Expressionismus (zweites Goetheanum) zugerechnet und damit historisch festgelegt. – Wie wenig die Formenwelt Rudolf Steiners durch bloßen Stilvergleich erfaßbar ist, kann an den Fensterumrahmungen des Heizhauses (Abb. 36–39) deutlich werden: Sie sind nicht deswegen so, weil Steiner sich in einer bestimmten Stilphase befunden hätte oder ein bestimmter Zeitstil sich auswirkte, dem dann dieses Gebäude zuzuschreiben wäre, sondern sie sind entstanden durch die spezifische Metamorphose, die durch das Verhältnis des Heizhauses zum Goetheanum, durch das Bewußtseinsverhältnis der diese Bauten charakterisierenden Wesen gegeben ist. In dem Maße, in dem die Gestaltung Bewußtseinsverhältnisse der Baulemente und -funktionen einbezieht, muß sie sich auch auf den Stil erstrecken. Stil ist dann nicht mehr eine allgemeine Formeigenschaft, die gleichsam über der Formenwelt schwebt, sich ihr von selbst mitteilt. Er wird individualisiert; die Stilschöpfung wird Bestandteil des künstlerischen Vorgangs. Die Stilgeschichte der letzten 150 Jahre zeigt, wie Stil als selbstverständliche und verbindliche Gegebenheit zerbricht und wie die ›Stilscherben‹ und Stilansätze eigentlich den bewußten Umgang mit dem künstlerischen Gesetz erfordern. Sonst tauchen Stilmöglichkeiten auf und verschwinden wieder, sobald die ersten Ansätze ausgelebt sind, und die Dauer dieses Lebens wird immer kürzer. Das heißt, die Folge von Ismen und Tendenzen, die die Kunst unseres Jahrhunderts kennzeichnet, wurde verursacht durch das Zerbrechen der überindividuellen Stilfolgen, aber sie beruht auch darauf, daß die Aufgabe einer individualisierten Stilschöpfung noch kaum ergriffen wurde.

Der Jugendstil ging zugrunde, weil seine Formen weitgehend zwar einer ahnungsvollen künstlerischen Genialität entsprangen, aber da ihr Entstehungsgesetz nicht erkannt wurde, rasch zur Nachahmung organischer Gebilde degenerierten. Selbst die großartigen Schöpfungen von Gaudi und van de Velde waren letztlich wie Schnittblumen im Garten des künstlerischen Kulturbewußtseins, ohne den Wurzelgrund der Erkenntnis. Die Gesetze, die einen Prozeß bewirken, werden erst bewußt, wenn er beendet ist. Das konnte auch bei der organischen Architektur nicht anders sein. So erscheinen die Verhältnisse umgekehrt: Es gab nicht den Jugendstil und den art nouveau usw., die sich überlebten, und in einer abgelegenen Weltecke noch ein seltsames und nicht genauer klassifizierbares Bauwerk, Goetheanum genannt. Sondern die Impulse zu einer organischen Baukunst waren zeitgemäß nach einer Epoche klassizistischen und imitierenden Bauens, ihre Gesetze klangen an, blieben aber verborgen. Erst beim Goetheanum-Bau konnten sie sich vollständig auswirken und damit erkennbar werden. So ist dieser Bau die erste volle Erscheinung dieser neuen Baukunst – und er geht über den Bereich des Organischen noch hinaus –, und die mit ihm greifbar gewordenen Gestaltungsgesetze bilden den Ausgangspunkt einer neuen menschengemäßen Baukultur, die durch diese Gesetze erst lebensfähig wird. Das Goetheanum ist also nicht ein

Werk des Jugendstils, sondern dieser die Vorankündigung zu jener neuen Kunst.

In dieser Hinsicht kann die Eile zu denken geben, in der (durch Gropius u.a.) der technische Funktionalismus, die spätere Neue Sachlichkeit entstand und – sicher aus ehrlichem Bemühen um Gesetzmäßigkeit – die gerade erst begonnene Entwicklung abschnitt.

Wir stehen heute vor den Folgen jenes Formwillens, jener Bewußtseinsrichtung: einer ungeheuren Schizophrenie, die das unmenschliche Gegenstück zum Leben und Wirken Steiners und im Bereich des Bauens zu seiner Architekturkonzeption darstellt. Indem man sich – wenn auch mit guten Absichten – der anonymen Eigengesetzlichkeit der technischen Welt überantwortete, reduzierte man den Menschen, objektiv gesehen, auf ein bloßes Intellekt- und leibbezogenes Funktionswesen. Damit verbannte man alles, was sonst noch menschlich ist, vor allem das, was ihn eigentlich erst zum Menschen macht, in den Bereich bloßer Subjektivität; es wurde Privatsache. Aufgrund dieser Voraussetzung geschah dann, was geschehen mußte: An die Stelle, an die die konkrete Beachtung des seelischen und geistigen Menschen, die Rücksichtnahme auf seine allgemeinen und individuellen Bedingtheiten gehörte, die nun unausgefüllt war, traten die Ideologien als ein gespenstischer Ersatz für Menschlichkeit. Ideologie und Technologie verbanden sich zu einer anonymen Macht. Der Mensch als konkretes und jeweils einmaliges Wesen verlor sich selbst aus dem Blickfeld. Um so mehr mußten auf der anderen Seite Selbstsucht und Geltungsbedürfnis anwachsen.

Auch ein Ausdruck solcher Selbstsucht ist z.B. der Glaube, man arbeite für sich, und man übersah völlig, daß man zunächst immer für andere Menschen arbeitet, die das brauchen, was man tut, und einem dafür zahlen, was es ihnen wert ist. Dieser Wirtschaftsvorgang, der dann durch Lohn- und Preisabsprachen, durch Gesetze usw. geregelt wurde, ist in seinem Fundament immer ein sozialer Vorgang. Indem dieser menschliche Zusammenhang aus dem Bewußtsein schwand bzw. gar nicht erst erfaßt wurde, traten Ideologien an seine Stelle und stempelten zu Gegnern, die eigentlich Partner, Glieder eines einzigen Geschehens sind. Je mehr man sich menschlich der Welt entzog, desto gleichgeschalteter wurde sie und um so mehr suchte jeder das Eigene zu retten. Und je mehr jeder an sich dachte, desto mehr überließ er die Welt der Anonymität: ein Teufelskreis.

Die gebaute Umwelt der letzten Jahrzehnte konnte nur ein getreues Spiegelbild dieser Situation sein: technische Monstren, geschniegelte Karosserien und Schachteln, in denen man bestenfalls untergebracht ist, aber nicht mehr wohnen kann. Und daneben das Heer der »eigenen Häuser«, die meist so gar nichts Eigenes an sich haben, für die, die es sich leisten können. Die menschlichen Voraussetzungen für den künstlerischen Prozeß kamen abhanden. Die architektonische Diskussion drehte sich, wo sie überhaupt noch stattfand, um formale und konstruktive Prinzipien, um den Einfluß rationeller Verfahren, um Funktionen: Die Architektur bedachte *sich*, oft selbstherrlich, aber es war ihr ganz entfallen, über den Menschen nachzudenken, für den sie da ist, sich vom Benutzer her zu verstehen und zu motivieren. So traten Thesen, in denen die Architektur sich formulierte, an die Stelle einer liebevollen Hinwendung zum Menschen, um an ihm den eigenen Auftrag abzulesen.

Gewiß ist es kein grundsätzlicher Ausweg aus dieser Situation, statt der üblichen Hausschachteln gelegentlich Häuser in organischen Formen zu bauen. Aber es kann ein Anfang sein. Denn die organische Form stimmt durch ihre Gesetzmäßigkeit mit der Wesensstruktur des Menschen überein – eben das gilt es zu erreichen: ein Bauen aus den gleichen Gesetzen, die den Menschen bilden und durch die er an sich selbst formt. Solche Gestaltungen bieten Wahrnehmungen, die nicht bloße Sinnesdaten bleiben, sondern durch ihre Art auch emotional engagieren, durch den Gleichklang (in dem Sinne, wie Saiten, auf je gleiche Töne gestimmt sind) die Trennung von Außen und Innen überwinden, Verwandtschaft, Vertrautheit, Geborgenheit vermitteln können. Mehr noch: Sie können im Menschen schlummernde Veranlagungen wecken, Entwicklungen anregen, in Lebensführung und Schicksalsmeisterung Helfer sein. Dies ist besonders wichtig für die Hauptgeschädigten unserer Zivilisation, die Kinder, die darauf angewiesen sind, ihre Seelen- und Persönlichkeitsstruktur weitgehend aus Erfahrungen der Umwelt aufzubauen und die deshalb aus einer antimenschlichen

Umwelt nur eine unerfüllte und aggressive Persönlichkeit entwikkeln können.

So kann schon das Bauen einzelner Häuser sinnvoll, ja sogar heilsam sein – abgesehen davon, daß das Bemühen um neue Erfahrungen, neue Gesetze, eine neue Gestalt auch seine Auswirkungen hat. So werden solche Gebäude über ihre Bau gewordenen Funktionen hinaus weitere Auswirkungen haben: durch den Prozeß ihrer Entstehung und vor allem durch ihre Wahrnehmung. Damit aber hebt sich der Egoismus des Bauherrn notwendigerweise wieder auf: Er tut etwas für alle, die sein Haus sehen, auch wenn nur wenige es betreten mögen. An dieser Stelle, wo es nicht mehr darum geht, eine Funktion einer allgemein ästhetischen Formalität entsprechend oder in Anlehnung an bestimmte Stiltypen einzukleiden, sondern um das Weiterwirken der Wahrnehmungen, die das Bauwerk darbietet, beginnt die konkrete künstlerische Verantwortung des Architekten. Zugleich ist dies die Möglichkeit, wie eine solche Baukunst sich durch ihre eigenen Mittel ausbreiten kann, ohne ideologische Propaganda machen zu müssen. Gewiß werden letztlich dieser Architektur entsprechende Sozialformen entstehen müssen, aber sie können nicht durch Ideologien ins Leben gerufen werden, nur dadurch, daß sich Menschen des Verhältnisses, das sie aufgrund ihres Menschseins zueinander haben, bewußt werden. Daran kann die Baukunst entscheidend mitarbeiten.

Das sei idealistisch, wird mancher sagen, für den ›idealistisch‹ gleichbedeutend mit ›utopisch‹ oder ›unwirklich‹ ist. Aber das ist eben die Frage: Ist die »Wirklichkeit, in der wir leben«, dieser entfremdende, kränkende, zerstörende Zustand unserer Zivilisationswelt, die wahre Wirklichkeit, die wir nun einmal hinzunehmen haben? Oder ist sie nur das sich zersetzende Produkt fortgesetzter Irrtümer, und ist die eigentliche Wirklichkeit die, die im Wesen des Menschen angelegt ist und die er selbst hervorbringen muß? Der Weg zurück in den Schoß der Natur ist nicht möglich. Wir kommen um eine Gestaltung der Zukunft nicht herum. Es bleibt nur die Alternative: sich auf den Weg zu machen, dessen Verlauf dem Menschen eingeboren ist, den ›Begriff des Menschen‹ zu verwirklichen – der einzig konsequente Weg, denn man kann letztlich nur gestalten, indem man das Gesetz eines anderen Wesens im Gesetz des eigenen Wesens Wirklichkeit werden läßt – oder: die Situationen und Mächte hinzunehmen, die dann eintreten müssen, wenn der Mensch sich der Erkenntnis und Gestaltung enthält.

Angesichts dieser Alternative wird man einerseits nach den hier gemeinten Gesetzen des Menschseins fragen: in Anatomie, Physiologie und Embryologie, in Psychologie und Kosmologie, in all den vielfältigen Beziehungen zur äußeren und inneren Welt und deren Entsprechungen. Es ist letztlich die ganze Fülle der Anthroposophie, die auf diese Fragen antworten kann. Andererseits wird man nach konkreten Ausarbeitungen der Hauptprinzipien des Plastisch-Organischen, der seelischen Transparenz, der ›Menschengestaltigkeit‹ (»Der Bau wird Mensch«), nach ihren Gesetzen und deren Zuordnungen und Anwendungsmöglichkeiten suchen. Ein Buch dieses Inhalts ist noch nicht geschrieben worden, und es bedarf noch umfangreicher Forschungsarbeit, bis man es schreiben kann.

Dennoch kann jeder beginnen. Man kann sich an die Dinge herantasten, wenn man vom Menschen – zunächst vom unbefangenen eigenen Erleben – ausgeht, ihm innewohnende Gesetzmäßigkeiten – auch seelische (z. B. in der Reaktion auf Phänomene) – in den Dingen sucht. Die Frage: wie würde ein Haus, ein Raum, ein Bauglied seine Aufgabe, Situation und Zuordnung empfinden, wenn es ein menschliches Bewußtsein haben könnte, und wie kann, was in diesem Bewußtsein vorginge, in dem Objekt anschaulich gemacht werden? kann ein fruchtbarer Ansatzpunkt zur Entdekkung neuer architektonischer Qualitäten und zur Schulung der eigenen Erlebnisfähigkeit werden. Dem Objekt das eigene Bewußtsein leihen und im eigenen Bewußtsein das ›Innere‹ des Objekts offenbar werden lassen, ist die einfache Formel, mit der man sich auf den Weg begeben kann.

Nur dadurch kann die Architektur wieder menschlich werden, daß sie die Gesetzlichkeit – nicht ein nachahmendes Gestaltbild – des Menschen annimmt. Das erfordert ein Umdenken in bezug auf die Sache und in bezug auf sich selbst. Welchen Weg man einschlagen möchte, ist eine Frage an die eigene Freiheit.

Rudolf Steiner, um 1916

2 Innenmodell Rudolf Steiners für das erste Goetheanum. 1913

3 Bühnenraum. Links die 7. Säule des Zuschauerraums. Im Hintergrund die Nische, in der die plastische Gruppe stehen sollte

4 Zuschauerraum, Blick nach Westen auf die 1. und 2. Säule, Orgel und Empore ▷

5 Blick vom Zuschauer- in den Bühnenraum. Mittelmotiv zwischen den beiden 7. Säulen

im Architrav der kleinen (Bühnen-) Kuppel dessen Metamorphose

6 Der Architrav zwischen den beiden 1. Säulen des Zuschauerraums; Anfang der Architraventwicklung

7 Das Kapitell der 1. Säule im Zuschauerraum. Weißbuche

8 Der Architrav zwischen der 1. und 2. Säule

9 Das Kapitell der 2. Säule. Esche

10 Der Architrav zwischen der 2. und 3. Säule

11 Das Kapitell der 3. Säule. Kirsche

12 Der Architrav zwischen der 3. und 4. Säule

13 Das Kapitell der 4. Säule. Eiche

14 Der Architrav zwischen der 4. und 5. Säule

15 Das Kapitell der 5. Säule. Ulme

16 Der Architrav zwischen der 5. und 6. Säule

17 Das Kapitell der 6. Säule. Ahorn

18 Der Architrav zwischen der 6. und 7. Säule

19 Das Kapitell der 7. Säule. Birke

20 ▷
Die plastische Gruppe. Unten Ahriman, oben rechts Luzifer, stürzend. Dazwischen Luzifer und Ahriman im Zusammenwirken. In der Mitte als Vollplastik, aus der reliefartigen Gestaltung heraustretend, die Christusgestalt. Ulme, ca. 9 m hoch, unvollendet

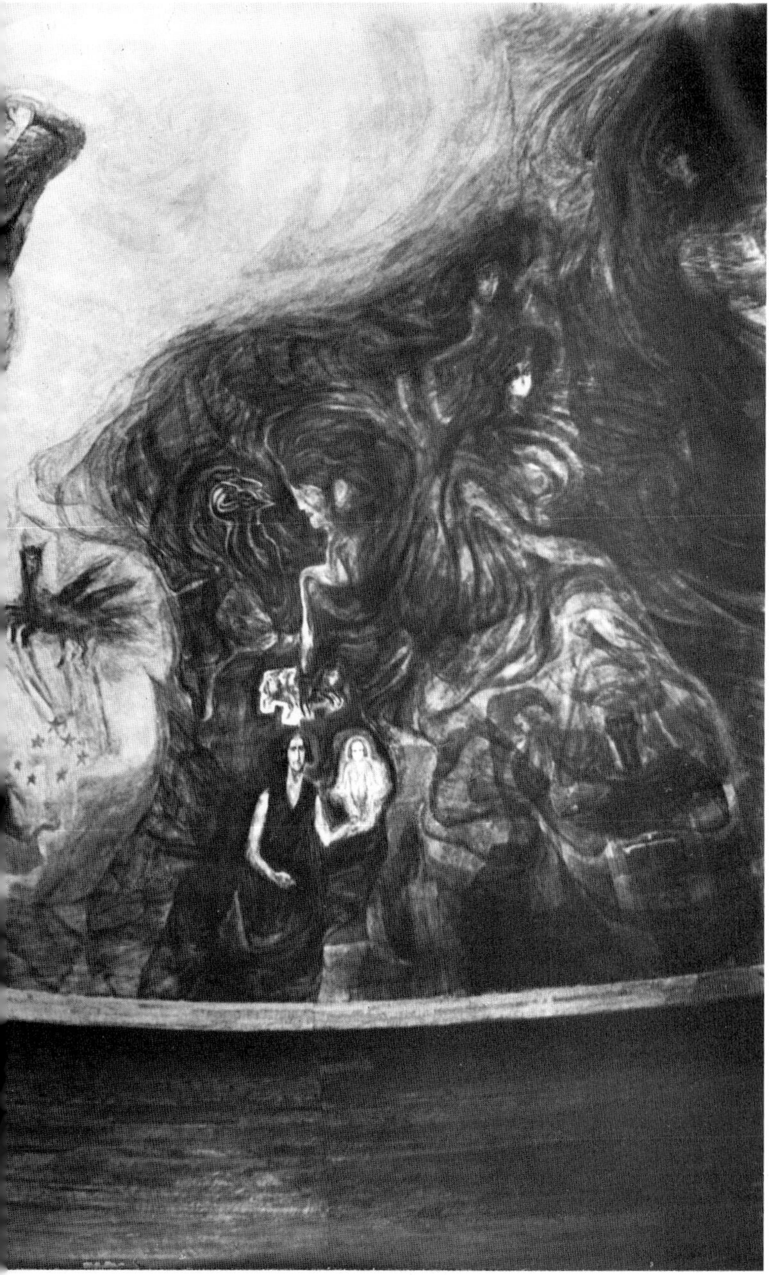

◁ 21 Das zentrale Motiv der Malerei der kleinen Kuppel. Von hier aus entwickelte sich d
Darstellung annähernd spiegelbildlich nach beiden Seiten

22 Das erste Goetheanum von Südwesten. Im Eingangsvorbau links münden die beiden Treppen (vgl. Abb. 30). Die geschwungenen vorspringenden Dachränder wurden nachträglich von A.v. Baravalle hinzugefügt. Sockelgeschoß Beton, Hauptgeschoß Holz, Dach Schiefer

23 und 24 Das Goetheanum im Bau

25 Das Goetheanum von Süden

26 Auf der Terrasse des ersten Goetheanums (Südwestseite), Blick auf den Eingangsvorbau

27 Auf der Terrasse (Nordseite), Blick nach Westen. Im Hintergrund Haus Duldeck (vgl. Abb. 42)

28 Auf der Terrasse des ersten Goetheanums, linker Pfeiler des westlichen Eingangsvorbaus

29 Auf der Terrasse, Blick nach Osten auf Saalfenster und den südlichen Seitenflügel

30 Eine der beiden Treppen im Sockelgeschoß. Bei der Gestaltung des Pfeilers »der Versuch, das Ganze wie beseelt zu bilden, so daß gewissermaßen der Schein der Bewußtheit des Tragens und Lastens hier drinnen liegt«

▷

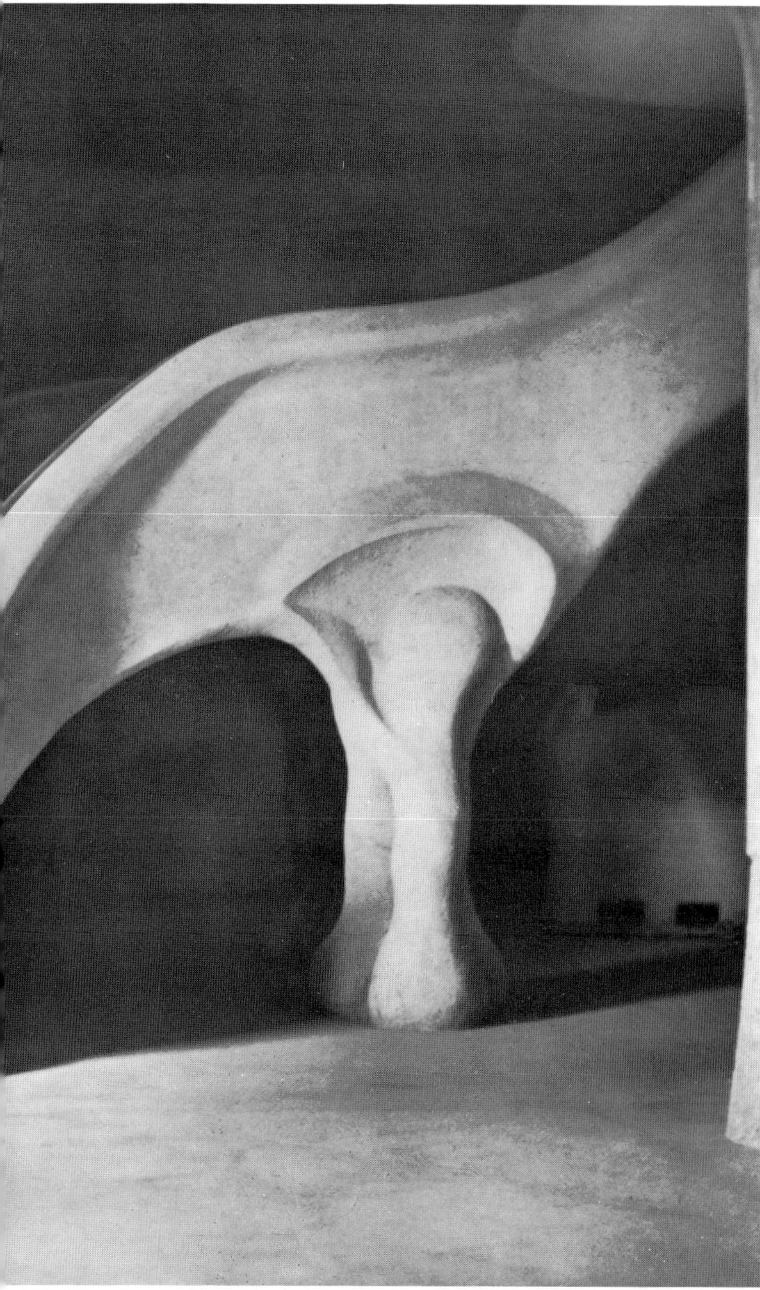

32 Das Glashaus von Osten

◁ 31 Das Glashaus. Straßenseite (Süden). Wände mit Holzschindeln verkleidet, Dach Schiefer

83 Glashaus. Eingang

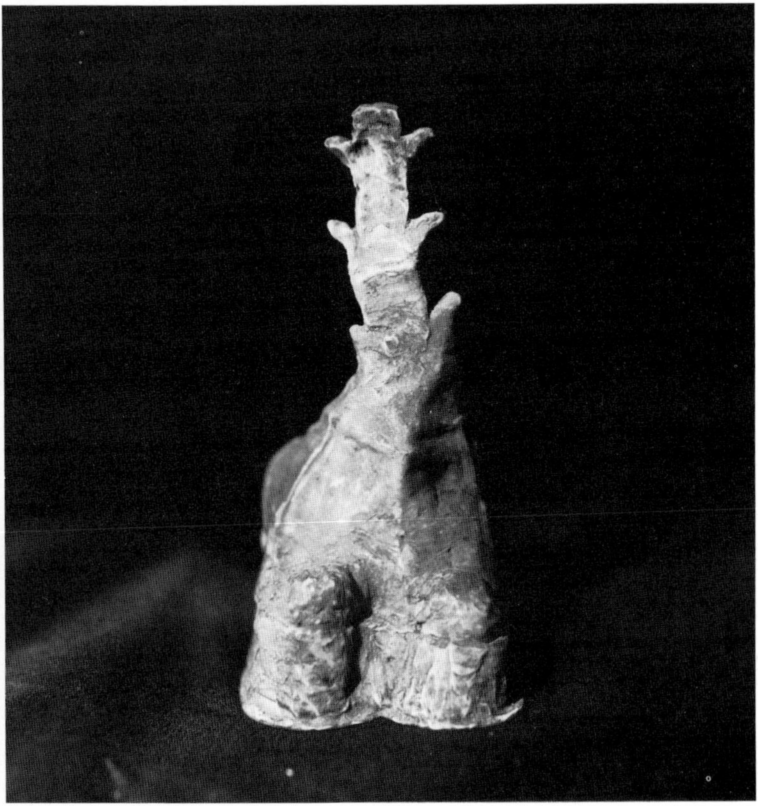

35 Modell Steiners für das Heizhaus. 1913

◁ 34 Das Heizhaus, vom Goetheanum aus gesehen. Die Kuppeln sind zu Rudimenten geschrumpft. Hörnerartig in den Raum hinausstoßende Motive am Schornstein und den unplastisch gewordenen Fensterumrahmungen. 1915

36

37

36–39
Details vom
Heizhaus

38

39

40 und 41 Das Heizhaus und sein Schornstein. Deutlich ist die Dynamik des aufstrebenden Rauchs abzulesen

42 Haus Duldeck, die dem Goetheanum zugewandte Ostseite, von Steiner ursprünglich ohne Loggia und Dachbalkone geplant; ebenfalls aus einer Metamorphose des ersten Goetheanums hervorgegangen. Die Umwandlungsergebnisse der Zylinder und Kuppeln sind ganz an die Enden des Baukörpers geschoben

▷

44 Haus Duldeck. Westseite. Das Haus einschließlich des Daches besteht aus Beton (in die Wände sind Hohlziegel eingelegt) und korrespondiert so mit dem Sockelgeschoß des ersten Goetheanums

◁ 43 Haus Duldeck. Westseite, ebenfalls ohne Loggia und Dachverglasung geplant

45 Haus Duldeck. Dachdetail von der Westseite

46 Haus Duldeck.
Mitte der Ostseite

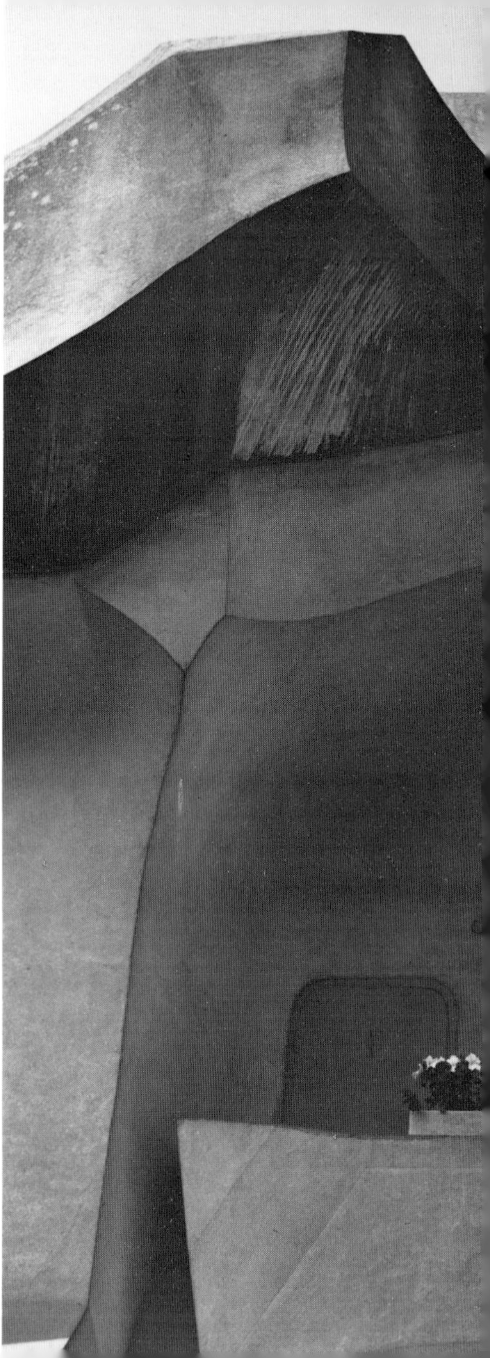

47 Haus Duldeck.
Mitte der Ostseite

48 Haus Duldeck. Blick von Süden auf die Ostseite

49 Haus Duldeck. Blick von Norden auf die Ostseite. Das Dach wendet sich deutlich dem Goetheanum zu

50 und 51 Haus Duldeck. Innenräume

52 Haus Duldeck. Innenraum

53 Haus Duldeck. Südlicher Eingang

54 Haus Duldeck. Nördlicher Eingang

55 Haus Duldeck. Nördlicher Eingang und Blick auf das zweite Goetheanum ▷

56

57

56–58 Wegpfeiler und Bank am auf das Hauptportal hinführenden Weg, konzipiert für das erste Goetheanum

59 Das zweite Goetheanum von Westen. Haupteingang ▷

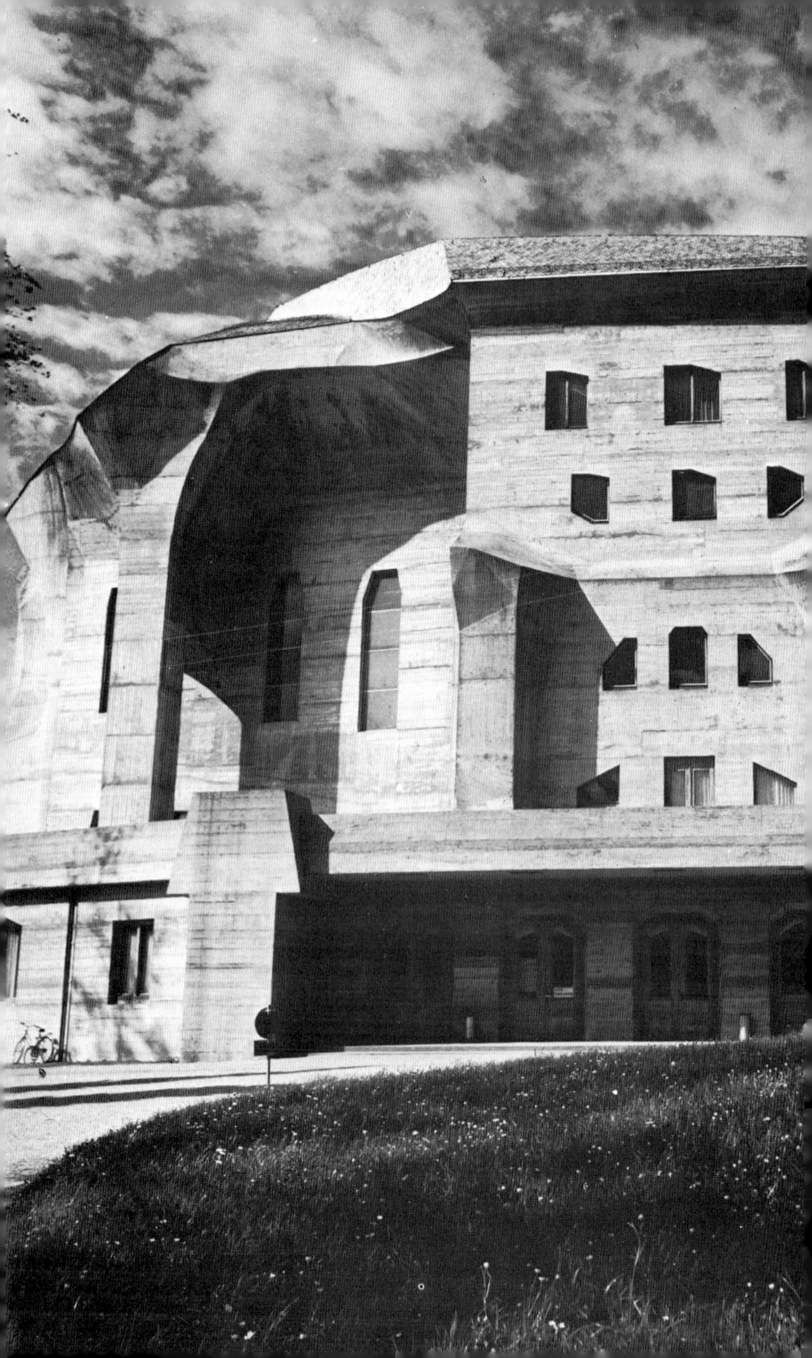

60 Das zweite Goetheanum von der Südseite. Nebeneingang. Die Aufteilung und Form der Fenster erst nach Steiners Tod in Anlehnung an die noch von ihm gesehenen Pläne

61 Auf der Terrasse des zweiten Goetheanums (Nordseite), Blick nach Osten

62 Blick von unten auf die Terrassenbrüstung und die oberen Teile der auf Abb. 61 sichtbaren Bauformen

63 Dieselben Formen aus geringerer Entfernung

64 und 65 Das zweite Goetheanum. Details der plastischen Betonformen (vgl. Abb. 59, 63)

66 und 67 Das zweite Goetheanum. Details der plastischen Betonformen. Rechts derselbe Formenkomplex wie Abb. 65 in anderer Sicht. Die immer wieder konkav geformten Flächen wirken, als wolle das Gebäude in den Umraum hineinlauschen, etwas aus ihm aufnehmen

68 Derselbe Formenkomplex wie Abb. 67

69 und 70 Details aus dem westlichen Treppenhaus

71 und 72 Das zweite Goetheanum. Westliches (Haupt-) Treppenhaus. Links Ausgang zur Terrasse, rechts Eingang zu Verwaltungsräumen. Im nächsten Geschoß über diesem Eingang liegt der Haupteingang zum Saal. Bei der Ausgestaltung dieses Treppenhauses durch Rex Raab und Arne Klingborg 1964 wurde die Betonstruktur sichtbar gelassen

73 Das zweite Goetheanum. Der große Saal, Blick auf Bühne und Rednerpult. Ausgestaltung ▷ von Johannes Schöpfer, 1957. Das Rednerpult ist eine Nachbildung des Rednerpults aus dem ersten Goetheanum

74 Das zweite Goetheanum. Südliches Nebentreppenhaus, Erdgeschoß. Ausgestaltung von Carl Kemper, ca. 1930

75 und 76 Details aus dem südlichen Treppenhaus

77 Teil aus dem südlichen Treppenhaus. Eingang zum Skizzenraum

78 und 79 Teile aus dem südlichen Treppenhaus

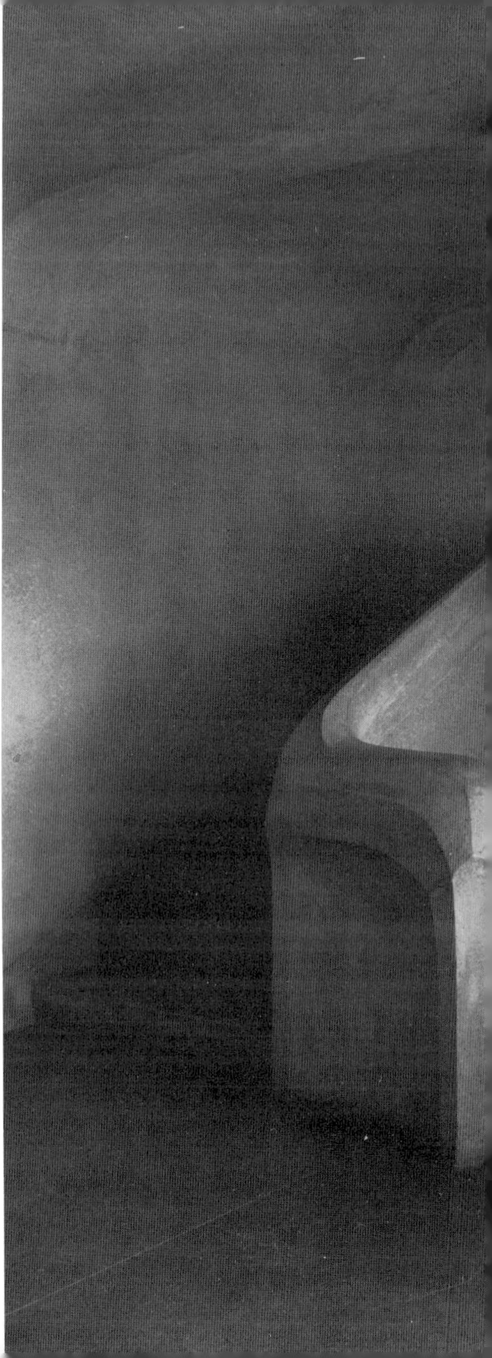

80 Teil aus dem südlichen Treppenhaus

81 Teil aus dem südlichen Treppenhaus mit Saaleingang

82 Eurythmie-Gebäude, Anbau an ein bestehendes Haus. 1923. Eingang

83 Eurythmie-Gebäude. Blick auf den Eurythmie-Saal und die dazugehörige Treppe

84 Eurythmie-Gebäude. Unter dem Vordach (vgl. Abb. 83). Die Verwandtschaft zum zweiten Goetheanum ist deutlich (aber früher gebaut)

85 Transformatorenstation von Rudolf Steiner. 1921. Die Elektrizitätsverwaltung wollte eine mit einem netten Schweizerhäuschen kaschierte Station bauen (vgl. Anm. 33)

86 Haus de Jaager. Nordseite. Der Bildhauer de Jaager war bereits verstorben, als Steiner 1920 das Haus entwarf. Der turmartige Teil enthält Treppe und vom Dach her belichteten Ausstellungsraum. Die Wohnräume sind auf der Südseite (vgl. Anm. 33)

87 Atelier Rudolf Steiners mit der Schreinerei, in der jahrelang während der Bauzeit und nac dem Brand auch die Vorträge und auf einer provisorisch eingebauten Bühne Aufführunge stattfanden. Im Atelier befindet sich vor allem das originalgroße Plastilinmodell für di plastische Gruppe, das Rudolf Steiner in Zusammenarbeit mit Edith Marion schuf

88 Detail vom originalgroßen Plastilinmodell. Luzifer und Ahriman, zusammenwirkend

89

90

89–92
Details vom Pla
stilinmodell (vg
Abb. 20): 89 Lu-
zifer – 90 Ein
»Felsenwesen
oberhalb Luzi-
fers – 91 der un
tere Ahriman –
92 Kopf des g
stürzten Luzife

91

92

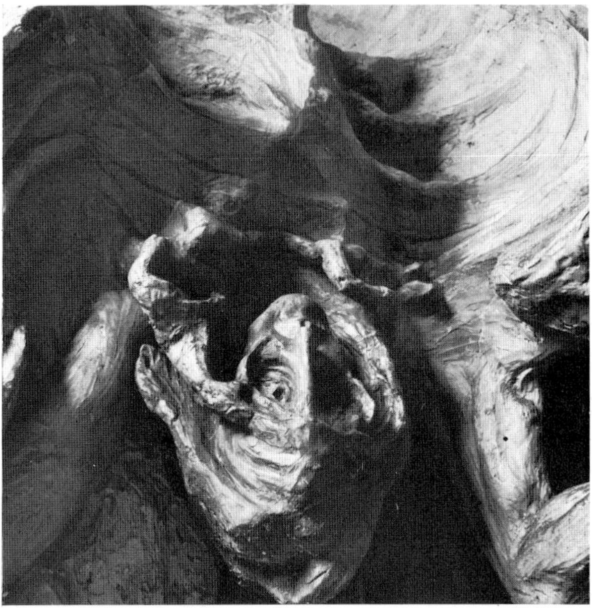

93

94

93–96
Modelle:
93 für das erste Goetheanum (vgl. Abb. 25) – 94 Haus de Jaager. Nordseite (vgl. Abb. 86) – 95 Zweites Goetheanum. Westseite (vgl. Abb. 59) – 96 Haus Duldeck. Ostseite (beschädigt; vgl. Abb. 42)

95

96

97 Arbeitsmodell für die plastische Gruppe, die Rudolf Steiner in Zusammenarbeit mit Edith Marion schuf

Anmerkungen

Die in der Gesamtausgabe der Werke Rudolf Steiners (Dornach/Schweiz) erschienenen Titel sind durch GA gekennzeichnet (mit Angabe der Bibl.-Nr.). Jahresangaben beziehen sich auf das jeweils jüngste Erscheinungsjahr, Jahresangaben in Klammern auf das Jahr der Erstveröffentlichung.

1 Rudolf Steiner, Bilder okkulter Siegel und Säulen, GA 284/285 1977. S. a. in: Hagen Biesantz/Arne Klingborg: Das Goetheanum – Der Bau-Impuls Rudolf Steiners, Philosophisch-Anthroposophischer Verlag, Dornach 1978, S. 16
2 s. Anm. 1; Biesantz, S. 13
3 Edouard Schuré (1841–1929), französischer Schriftsteller, Theosoph. Es handelte sich hier um eine Rekonstruktion des Dramas, in dem die geheime Weisheit der Mysterienstätte von Eleusis bei Athen der Öffentlichkeit in künstlerischer Form verschlüsselt dargestellt wurde.
4 Rudolf Steiner, Vier Mysteriendramen (1910-1913), GA 14 1962 oder tb Nr. 607/608
5 s. Anm. 1; Biesantz, S. 16
6 Rudolf Steiner, Das Goetheanum in seinen zehn Jahren. Beiträge in: Das Goetheanum, 14. Jan.–18. Febr. 1923, in: Der Goetheanum-Gedanke inmitten der Kulturkrisis der Gegenwart, GA 36 1961, S. 322
7 s. Anm. 6, S. 308
8 Rudolf Steiner, Mein Lebensgang (bis 1907), GA 28 1962. Johannes Hemleben, Rudolf Steiner, Reinbek bei Hamburg 1977 (17. Aufl.)
9 Rudolf Steiner, Wie erlangt man Erkenntnisse der höheren Welten? (1904/05), GA 10 1975, S. 29, oder tb Nr. 600
10 ebd. S. 28
11 Rudolf Steiner, Grundlinien einer Erkenntnistheorie der goetheschen Weltanschauung, GA 2 1960, besonders: Das Denken als höhere Erfahrung in der Erfahrung, S. 43f., und: Innere Natur des Denkens, S. 54f.
12 ebd. S. 79

13 s. Anm. 6, S. 312
14 Rudolf Steiner, Goethe als Vater einer neuen Ästhetik (1888), in: Rudolf Steiner, Kunst und Kunsterkenntnis, GA 271, S. 27
15 s. Anm. 11, S. 133
16 Schlußsatz von: Philosophie der Freiheit (1894), GA 4 1978 oder tb Nr. 627
17 s. Anm. 6, S. 311
18 s. Anm. 6, S. 325
19 Rudolf Steiner, Wege zu einem neuen Baustil (1914), Verlag Freies Geistesleben, Stuttgart 1957, S. 29f.
20 s. Anm. 6, S. 318f.
21 s. Anm. 19, S. 45
22 ebd. S. 45
23 s. Anm. 6, S. 312
24 Rudolf Steiner, Der Baugedanke des Goetheanum (1921), Verlag Freies Geistesleben, Stuttgart 1958, S. 52
25 s. Anm. 19, S. 35f. Die »Saturnsäulen« waren die beiden Säulen am Saaleingang. Die Bezeichnung bezieht sich auf die Stufen der kosmischen Entwicklung, nach der auch die Wochentage benannt sind (Saturntag = Samstag/saturday)
26 s. Anm. 6, S. 316
27 s. Anm. 19, S. 39
28 s. Anm. 6, S. 314
29 ebd. S. 315
30 ebd. S. 315
31 s. Anm. 19, S. 37. Als ätherisch werden in der anthroposophischen Terminologie die Lebens- und Bildekräfte bezeichnet, die in allen Lebens- und Formprozessen wirken und deren indirekter Ausdruck vor allem die physischen Pflanzengestalten sind. Mit den »ätherischen Formen der Pflanzen« sind also nicht die sichtbaren Pflanzengestalten gemeint, sondern die Formen, in denen die Lebens- und Gestaltungsprozesse in der Pflanzenwelt verlaufen und die dem Hellsehenden übersinnlich sichtbar werden.
32 ebd. S. 31
33 Erich Zimmer, Rudolf Steiner als Architekt von Wohn- und Zweckbauten, Verlag Freies Geistesleben, Stuttgart o.J., S. 25f.
34 Rudolf Steiner, Technik und Kunst, in: Die Kunst im Lichte der Mysterienweisheit (1914/15), GA 275

Anhang
Von Walter Kugler

Chronologische Übersicht

1907	Im Zusammenhang mit dem Kongreß der Theosophischen Gesellschaft in München legt Rudolf Steiner den ›Grundstein‹ zu seinem als Gesamtkunstwerk zu verstehenden Baugedanken
1908/09	Modellbau in Malsch bei Karlsruhe
1911–1913	Haus in Stuttgart; Sitz der Anthroposophischen Gesellschaft. Dem Saal lag das Modell von Malsch zugrunde
1911	Modell für den Johannesbau in München
1913	Grundsteinlegung für das erste Goetheanum in Dornach bei Basel
1914	Einweihung des ›Glashauses‹. Es diente als Atelier, in dem die Glasfenster für das Goetheanum geschliffen wurden; heute: Sitz der Goetheanum-Administration
1915	Inbetriebnahme des in Beton erbauten Heizhauses in der Nähe des Goetheanums
1916	Fertigstellung von ›Haus Duldeck‹. Dieses Wohnhaus, auf der Westseite des Goetheanum-Baues gelegen, das heute den Rudolf Steiner-Verlag beherbergt, ist ganz in Beton errichtet
1920	Eröffnung des ersten Goetheanums in noch unfertigem Zustand
1921	Wohnhaus Vreede in Arlesheim Drei 'Eurythmiehäuser' Atelierhaus von Blommestein Transformatorenhaus Haus Friedwart

1922 Wohn- und Atelierhaus de Jaager
1922/23 In der Silversternacht wird das Goetheanum durch Brand vernichtet
1924 Das ›Eurythmeum‹ – ein Anbau an das Haus ›Haus Brodbeck‹ – wird eröffnet
Verlagshaus: Sitz des Philosophisch-Anthroposophischen Verlages
Rudolf Steiner gestaltet das Außenmodell für den zweiten Goetheanum-Bau
1925 Haus Schuurmann (Wohnhaus)
Baubeginn für das zweite Goetheanum
30. März: Todestag Rudolf Steiners
1926 Richtfest
1928 Eröffnung des zweiten, noch nicht fertigen Goetheanums

Literaturhinweise

Abk.: vgl. Hinweis zu den Anmerkungen

1. Rudolf Steiner über Architektur, Kunst und Ästhetik

Goethe als Vater einer neuen Ästhetik, in: Kunst und Kunsterkenntnis, GA 271 1961
Wege zu einem neuen Baustil, Stuttgart 1957
Technik und Kunst/Plastisch-architektonisches Bilden I u. II, in: Kunst im Lichte der Mysterienweisheit, GA 275 1966
Architektur, Plastik und Malerei des Ersten Goetheanum, Dornach 1972
Der Baugedanke des Goetheanum, Stuttgart 1958
Anthroposophie und Kunst, in: Das Künstlerische in seiner Weltmission, GA 276 1961
Das Goetheanum in seinen zehn Jahren/Goethe und Goetheanum, GA 36 1961

2. Andere Autoren über Rudolf Steiners Architektur

Agematsu, Yuji: Steiners Kunst am Goetheanum, in: The Geijutsu-Shincho, Nr. 4/1971, Tokio

Brunato, Mario/Mendini, Sandro: L'Architettura, Nr. 55, 56, 57, 58, Rom 1960

Conrads, Ulrich/Sperlich, H. G.: Über Steiners Dornacher Bauten. Phantastische Architektur, Berlin 1960

Fant, Åke/Klingborg, Arne/Wilkes, A. John: Die Holzplastik Rudolf Steiners, Dornach 1969

Gessner, Wolfgang: Das zweite Goetheanum und der Baugedanke, Stuttgart 1965

Imai, Kenji: Gaudi and Steiner, in: Glass and Architecture, Nr. 3/1964, Tokio

Kayser, Felix: Architektur heute und morgen, Freiburg 1969

Kemper, Carl: Die Bau-Studien zur Architektur und Plastik des Ersten Goetheanum, Stuttgart 1974

Meissner-Reese, Ilse: Steiner's Goetheanum at Dornach, in: Progressive Architecture, September 1965, New York

Raab, Rex/Klingborg, Arne/Fant, Åke: Sprechender Beton – Wie Rudolf Steiner den Stahlbeton verwendete, Dornach 1972

Rath, Wilhelm: Die Bildersprache der Goetheanum-Glasfenster, Stuttgart 1971

Rotzler, Willy: Das Goetheanum in Dornach als Beispiel der Integration der Künste, in: Werk, Nr. 8/1960, Zürich

Sharp, Dennis: Rudolf Steiner and the Way to a New Style in Architecture, in: Architectural Association Journal, Juni 1963, London

Zimmer, Erich: Rudolf Steiner als Architekt von Wohn- und Zweckbauten, Stuttgart 1970

3. Rudolf Steiner: Einführende Literatur in die Anthroposophie

Grundlinien einer Erkenntnistheorie der Goetheschen Weltanschauung mit besonderer Rücksicht auf Schiller (1886), GA 2 1960

Die Philosophie der Freiheit (1894), GA 4 1973

Theosophie. Einführung in übersinnliche Welterkenntnis und Menschenbestimmung (1904), GA 9 1973
Wie erlangt man Erkenntnisse der höheren Welten? (1904), GA 10 1972
Das Christentum als mystische Tatsache und die Mysterien des Altertums (1902), GA 8 1959
Von Seelenrätseln (1917), GA 21 1976
Die Kernpunkte der sozialen Frage (1919), GA 23 1961
Mein Lebensgang, GA 28 1962

4. Andere Autoren über Rudolf Steiner und die Anthroposophie

Abendroth, Walter: Rudolf Steiner und die heutige Welt, München 1969
Hemleben, Johannes: Rudolf Steiner, Reinbek bei Hamburg 1977 (17. Aufl.)
Kugler, Walter: Rudolf Steiner und die Anthroposophie, Köln 1978

Fotonachweis

Dornach/Schweiz, Rudolf Steiner-Nachlaßverwaltung Fig. 1
Dornach/Schweiz, Philosophisch-Anthroposophischer Verlag Fig. 2, 3, 5, Frontispiz, Abb. 1–30

Aus: Rudolf Steiner, Der Baugedanke des Goetheanum. Stuttgart 1958 Abb. 4 (Nr. 26), 5 (Nr. 50), 6–19 (Nr. 28–41), 20 (Nr. 87)
Aus: Hagen Biesantz / Arne Klingborg, Das Goetheanum. Der Bau-Impuls Rudolf Steiners. Dornach/Schweiz 1978 Fig. 1 (S. 18), Abb. 2 (S. 20), Abb. 3 (S. 40), Abb. 21 (S. 47)
Aus: Rex Raab / Arne Klingborg/Åke Fant, Sprechender Beton – Wie Rudolf Steiner den Stahlbeton verwendete. Dornach/Schweiz 1972 Fig. 2 (Nr. 43), Fig. 3 (Nr. 44), Fig. 5 (Nr. 42)
Aus: Erich Zimmer, Rudolf Steiner als Architekt von Wohn- und Zweckbauten. Stuttgart 1971 Fig. 4 (ohne Schraffur)
Fotografen:
E. Gmelin, Dornach Abb. 20
Atelier Heydebrandt-Osthoff Abb. 3–19, 21, 25, 28, 30
O. Rietmann, St. Gallen Frontispiz, Abb. 2, 22–24, 26, 27, 29
Alle anderen Fotos stammen von Mike Schuyt und Joost Elffers.

Rudolf Steiner und die Anthroposophie

Wege zu einem neuen Menschenbild

Von Walter Kugler. 244 S. mit 6 farb. und 74 einf. Abb., Textdokumenten, Literaturverzeichnis, Personenregister, Übersicht über die Rudolf-Steiner-Gesamtausgabe, kartoniert

»Ein Buch, das Leben und Werk des großen Denkers grundlegend, aber überschaubar darstellt. Es läßt sich ohne weiteres als lesefreundliche Einführung in die nicht ganz einfache Materie empfehlen.«
Basler Magazin

DuMont Taschenbücher

Stand Frühjahr '81

DuMont Taschenbücher